과학혁명

THE SCIENTIFIC REVOLUTION: A Very Short Introduction, First Edition

First edition was originally published in English in 2011.
Korean translation rights arranged with Oxford University Press
through EYA(Eric Yang Agency).

첫단추 시리즈
014

과학혁명

로런스 M. 프린시프 지음
노태복 옮김

교유서가

일러두기

본문 중의 〔 〕는 모두 옮긴이 주(註)이다.

차례

머리말 ---------- 007

1. 새로운 세계와 낡은 세계 ---------- 011

2. 연결된 세계 ---------- 039

3. 천상의 세계 ---------- 067

4. 지상의 세계 ---------- 113

5. 소우주와 생명의 세계 ---------- 155

6. 과학의 시대가 열리다 ---------- 187

맺는말 ---------- 218

· 감사의 말 222

· 참고문헌 225

· 독서안내 227

· 역자 독서안내 234

· 도판 목록 237

머리말

1664년 후반, 빛나는 혜성 하나가 하늘에 나타났다. 이 혜성의 출현 소식은 스페인 사람들이 처음 알렸다. 그런데 몇 주가 지나 혜성의 크기와 밝기가 점점 더해지자 곧 유럽의 모든 눈이 하늘에 펼쳐진 이 장관에 초점을 맞추었다. 이탈리아, 프랑스, 독일, 영국, 네덜란드를 비롯하여 어느 곳에서나—심지어 영국의 신생 식민지들, 그리고 아메리카와 아시아의 전초기지들에서도—혜성의 운동을 추적하여 기록했다. 어떤 이들은 혜성의 크기와 거리를 면밀하게 계측했고 계산 결과를 두고 논쟁을 벌이기도 했다. 하늘을 가로지르는 혜성의 경로가 직선이냐 곡선이냐를 두고도 입씨름을 벌였다. 맨눈으로 보는 이들도 있었고, 약 60년 전에 발명된 망원경과 같은 도구를 이용해 보는 이들도 있었다. 일부 관찰자들은 혜성이 지구에 미치는 영향을 예측해보려고 시도했다. 가령 날씨, 공기의 상태, 인체의 건강 상태, 심지어 개인이나 국가의 길흉화복까지 내다보려고 했던 것이다. 어떤 이들은 이 현상이 새로운 천문학적 개념들을 검증할 기회라고 보았고 또 어떤 이들은 길흉을 알리려고 신이 보낸 메시지라고 보았다. 하지만 전반적인 의견은 그 두 가지 성격이 함께 깃든 현상이라는 것이었다. 인쇄소에서는 소책자들을 쉴새없이 찍어냈고, 그 무렵 새로 창간된 자연현상 전문 정기간행물에서도 기사와 주장들이 쏟아져 나왔다. 궁정과 학교, 커피하우스와 선술집 등 어디서든 사람들은 열띤 토론을 벌였다. 아이디어와 관측 자료가 담긴 편지들이 먼 거리를 아랑곳하지 않고 오가면서, 정치와 종교의 경계를 넘어 하나의 담론의 장이 마련되었다. 유럽 전역의 모든 사람들이 자연의 이 장관을 바라보며 그 현상의 의미를 이해하고 배울 점을 찾으려고 애썼다.

1664년에 나타나 다음해까지 지속된 이 혜성에 대한 관측은, 17세기 유럽인들이 자연현상에 관심을 갖고 면밀한 관찰을 행한 사례 중 하나일 뿐이다. 성능 향상이 지속적으로 이루어지던 망원경을 통해 그들은 광대하게 펼쳐진 새로운 세계를 보았다. 이전에는 상상도 하지 못했던 목성 주위의 위성들이며 토성의 고리, 그리고 이루 헤아릴 수 없이 많은 별들을 새로 발견했다. 또한 망원경과 마찬가지로 새롭기 그지없던 현미경을 통해서도 새로운 세계가 펼쳐졌다. 벌침의 미세하고 정교한 구조, 개의 크기로 확대된 벼룩이 목격되었고, 식초나 혈액, 물방울 또는 정액 속에 든 상상도 하지 못했던 '아주 작은 동물'의 무리 등이 발견되었다. 수술칼을 이용해 그들은 식물, 동물, 인간 내부의 장기들이 작동하는 방식을 알아냈다. 또한 불을 이용하여 천연 광물을 화학적 구성 성분으로 분해했고, 기존에 알려진 물질들을 결합하여 새로운 물질을 만들어냈다. 배를 타고 항해하여 새로운 대륙을 발견했으며, 돌아올 때는 놀라운 소식과 더불어 새로운 동식물과 광물의 표본 및 이국의 사람들을 데려왔다. 17세기 유럽인들은 세계를 설명하고 구조화하기 위한 새로운 체계를 고안해냈고, 아울러 고대의 체계를 되살려내어 둘의 장단점이 무엇인지 끊임없이 토론했다. 그들은 세계의 이면에 숨겨진 이유와 의미, 메시지를 찾으려고 애썼다. 이는 한편으로는 창조주인 신의 마음을 이해하려는 노력인 동시에, 또 한편으로는 새로운 기술과 고대의 지식을 모두 활용하여 자신들 앞에 펼쳐진 세계를 이용하고 계발하고 관리하기 위함이었다.

과학혁명—대략 1500년부터 1700년까지의 시기—은 과학사에서 가장 중요한 논의 주제 중 하나다. 열 명의 과학사가에게 과학혁명의 성격, 지속 기간 및 영향에 대해 물어보면 아마도 열다섯 가지의 각기 다른 답이 나올 것이다. 어떤 이들은 과학혁명을 중세와 급격히 단절한 시기—우리 모두가(적어도 유럽인들이) '근대화'되는 시기—로 본다. 이 견해에 따르면, 16세기와 17세기는 정말로 혁명적인 시기였다. 또 어떤 이들은 과학혁명을 알맹이가 없는, 뒤돌아보면 단지 환영에 불과한 시기로 여긴다. 하지만 오늘날 더욱 신중한 학자들은 중세와 과학혁명 사이에 중요한 연속성이 존재함을 인정하면서도 16세기와 17세기는 중세의 유산을 의미심장하면서도 놀라운 방식으로 발전시켰음을 부인하지 않는다. 오늘날 '근대 초기'라고 더 자주 불리는 '과학혁명'은, 참으로 연속성과 변화가 공존한 시기였다. 이 시기에는 점점 더 많은 사람들이 자연계에 관해 수많은 중요한 질문을 던졌고, 새로운 해답들이 쏟아져나왔을 뿐 아니라, 해답을 얻는 새로운 방법 또한 발전했다. 이 책은 근대 초기 사상가들이 이 세계를 파악하고 이 세계에 관여한 방식에 관해 이야기한다. 그들이 무엇을 찾아냈는지, 그 발견들이 무슨 의미였는지 짚어본다. 또한 그들이 현대적 과학 지식과 기법을 줄곧 뒷받침하고 있는 여러 토대를 어떻게 세웠는지, 늘 골칫거리였던 문제들과 어떻게 씨름했는지, 그리고 이전에는 알아차리지 못했던 이 세계의 풍요로움과 아름다움을 어떻게 발견해냈는지도 간결하게 살펴본다.

제 1 장

새로운 세계와 낡은 세계

근대 초기의 성취들은 중세에 마련된 지적, 제도적 토대를 바탕으로 이루어졌다. 근대 초기 사람들이 해답을 찾으려고 애썼던 질문들 중 다수는 중세에 이미 제기된 것이었으며, 해답을 얻기 위해 사용된 방법들 중 다수도 중세의 탐구자들이 내놓은 것이었다. 하지만 근대 초기의 학자들은 중세 시대를 짐짓 폄하했으며 자신들의 업적이 완전히 새로운 것이라고 주장했다. 그 업적들이 중세와 결별한 것만큼이나 중세를 품고 중세에 기대었으며, 적어도 변화하는 시대에 맞게 중세의 소산을 다시 다듬은 결과였는데도 말이다. 중세와 근대 초기 사이의 구체적인 변화들은, 지적이든 기술적이든 사회적이든 정치적이든, 유럽 전역에 걸쳐 동시에 일어나지 않았다. 잘 알려져 있듯이 의학, 공학, 문학, 예술, 경제, 시민활동 분야의 '근대적' 발전은 이탈리아에서 활발히 이루어졌고 한참 후에야 영국과 같은 유럽의 변방 지역에서도 추진되었다. 마찬가지로 발전이 이루어진 시기도 지역마다 상이했으며 과학 분야마다 발전의 속도가 달랐다. (명칭을 어떻게 붙이든 간에) 대략 1500년에서 1700년 사이의 이 시기는 서로 연관된 여러 사상과 사조들의 풍성한 전시장이자, 경쟁하는 체계와 개념들의 시끌벅적한 시장이었으며, 모든 분야에 걸쳐 사고와 실험이 함께 이루어진 분주한 연구실이었다. 이 시기의 온갖 문헌들은 저자들이 당시에 느꼈던 흥분을 고스란히 증언해준다. 하나의 제목, 한 권의 책, 한 명의 학자, 한 세대로는 이 시기를 총체적으로 파악할 수 없을 것이다. 이 시기를 알아보고 그 의미를 이해하려면, 우선 실제로 무슨 일이, 왜 벌어졌는지부터 자세히 살펴봐야 한다.

과학혁명을 이해하려면 먼저 그 배경지식으로서 중세와 르네상스부터 이해해야 한다. 특히 15세기는 유럽 사회에서 의미심장한 변화가 일어났을 뿐 아니라, 문자 그대로의 의미로나 비유적인 의미로나 유럽의 지평이 한껏 넓어진 시기였다. 이 시기에 비롯된 네 가지의 주요한 사건 내지 운동이 16세기와 17세기 사람들의 삶의 방식을 근본적으로 바꾸었다. 네 가지는 다음과 같다. 인문주의의 대두, 활자인쇄술의 발명, 신세계의 발견, 그리고 기독교의 개혁. 엄밀히 따지자면 과학적 발전이라고 할 수는 없지만, 이런 변화들은 당시 사상가들에게 완전히 다른 세상을 열어주었다.

중세에 르네상스는 어떻게 싹텄는가?

'이탈리아 르네상스'라는 용어는 대체로 산드로 보티첼리, 피에로 델라 프란체스카, 레오나르도 다빈치, 프라 안젤리코 등 여러 유명한 인물들의 회화와 조각 걸작들을 떠올리게 한다. 하지만 르네상스는 미술의 전성기보다 훨씬 넓은 의미를 지녔다. 이 시기에는 문학, 시, 과학, 공학, 시민활동, 신학, 의학 및 여러 다른 분야도 번창했다. 15세기 이탈리아 르네상스가 인류 역사에서, 그리고 근대문화에서 갖는 찬란함과 중요성은 결코 과소평가하지 않아야 한다. 마찬가지로 기억해야 할 점은, 그것이 5세기에 로마제국의 멸망으로 고전 문명이 붕괴된 이후에 유럽 문화가 융성한 첫번째 사례가 아니라는 사실이다. 이전에 적어도 두 번에 걸친 '르네상스(부흥)'가 이미 있었기 때문이다.

첫번째 사례는 카롤링거 르네상스였다. 샤를마뉴대제의 군사 원정이 있었던 8세기 후반에 시작되어 이로 인해 중부 유럽이 더욱 안정되었던 9세기까지 일어난 부흥이다. 아헨(프랑스 이름으로는 엑스라샤펠)에 있던 샤를마뉴의 궁이 당시 학문과 문화의 중심지가 되었다. 나중에 대학의 토대가 된 성당 학교들도 이 시기에 세워졌다. 800년에 샤를마뉴가 권좌에 앉을 때 교황 레오 3세가 '로마인들의 황제'라고 칭한 것은 카롤링거 개혁의 기본 정신을 압축적으로 드러내준다. 이 개혁은 고대 로마의 영광스러운 시절로 되돌아가려는 시도였기 때문이다. 건축, 주화, 공공 토목 사업, 심지어 필체까지도 로마제국이 했던 방식 내지는 적어도 로마인들이 했으리라고 당시에 짐작했던 방식에 따라 제작되거나 추진되었다. 하지만 이 부흥은 오래가지 못했다.

라틴 유럽〔라틴어에 기원을 둔 로망스어, 즉 이탈리아어, 프랑스어, 스페인어 등을 사용하는 유럽 지역〕의 두번째 '부흥'은 훨씬 더 광범위했고 오래 지속되었다. 이 부흥운동은 나중에 차츰 기세가 꺾이긴 했지만, 이탈리아 르네상스를 촉발시킨 계기가 되었다. 이 두번째 '부흥'을 가리켜 '12세기 르네상스'라고 한다. 이때 과학, 기술, 신학, 음악, 미술, 교육, 건축, 법률, 문학 등의 분야에서 창의적인 성과가 쏟아졌다. 이러한 융성이 일어난 계기가 무엇인지는 아직도 논의가 분분하다. 어떤 학자들은 11세기에 시작된 유럽 지역의 더 따뜻하고 쾌적해진 기후(이른바 '중세온난기')와 맞물려 농업 생산이 늘어나 비교적 짧은 시기에 유럽의 인구가 두 배 또는 세 배쯤까지 증가했기 때문이라고 본다. 도시가 증가하고 사회정치적 안정이 이루어졌으며 식량이 더 풍부해지면서 이로 인해 사상과 학문에 쏟을 시간이 더 많아졌다. 그러한 요소들이 전부 함께 작용하여 이 두번째 부흥이 시작되었다.

갓 잠에서 깨어난 유럽의 지식사회는 무슬림 세계가 즐겼던 풍성한 지성의 만찬에 입맛을 들였다. 유럽의 기독교 문명이 스페인, 시칠리아 및 레반트(그리스, 시리아, 이집트를 포함한 동부 지중해 연안 지역을 가리키는 역사적인 지명)의 이슬람 세력을 몰아내기 시작하면서, 유럽인들은 풍부한 아랍 학문을 접하게 되었다. 무슬림 세계는 고대 그리스의 지식을 물려받아 아랍어로 번역했고, 오랜 세월에 걸쳐 새로운 발견과 사상을 더하여 그것을 더욱 풍성하게 만들었다. 천문학, 물리학, 의학, 광학, 연금술, 수학 및 공학에 걸쳐 다르 알 이슬람('이슬람의 집', 즉 이슬람 세계)은 서부 유럽을 압도했다. 유럽은 이런 사실을 즉각 인정하고서 서둘러 아랍의 학문을 받아들여 흡수했다. 유럽 학자들은 12세기에 위대한 '번역운동'을 시작했다. 대개 수도사 신분이었던 수십 명의 번역가들은 당시 스페인 지역에 있던 아랍 도서관들을 뒤졌다. 이들은 아랍어로 쓰인 문헌들을 라틴어로 번역해 수백 권의 책을 쏟아냈다. 의미심장하게도 그들이 골라내 번역한 문헌들은 거의 전적으로 과학, 수학, 의학 및 철학 분야의 책들이었다.

중세는 고전 세계로부터 로마인들이 소유했던 문헌만을 물려받았다. 로마제국이 몰락하던 무렵 그리스어를 읽을 줄 아는 학자들은 극소수였다. 따라서 사실상 로마인들이 물려준 문헌들 중 거의 대부분은 고대 그리스 문헌을 라틴어로 풀어쓴 글, 요약한 글 및 그리스 학문을 대중적으로 풀어낸 개요서에 그쳤다. 이를테면, 과학을 주제로 삼은 신문기사와 대중적인 해설서만 갖고 있을 뿐 과학 학술지나 문헌을 거의 갖고 있지 않은 상황이라 볼 수 있다. 따라서 중세의 학자들은 고대 그리스의 위대한 학자들을 존경하고 그들의 사상을 설명하긴 했지만 그들의 저서 자체는 거의 갖고 있지 않았다.

12세기 번역가들은 이 모든 상황을 뒤바꾸었다. 그들은 원래 아랍어로 쓰인 저작과 더불어 고대 그리스의 저작을 아랍어로 번역한 작품을 다시 번역했다. 따라서 고대 그리스 문헌의 대다수는 아랍의 옷을 입고 유럽에 들어왔다. 아랍으로부터 갈레노스의 의학, 유클리드의 기하학, 프톨레마이오스의 천문학, 그리고 오늘날 우리가 갖고 있는 아리스토텔레스의 저작물 거의 전부가 들어왔다. 이러한 분야들을 포함하여 더 많은 분야에 걸쳐 아랍인 저자들이 지은 더욱 발전된 내용의 저서들이 들어왔음은 굳이 말할 필요도 없다. 이러한 지식의 폭발 덕분에, 1200년경 대학의 교과과정이 마련되었다. 이것은 아마도 중세의 과학과 학문에서 가장 오래 지속된 유산이라고 할 수 있을 것이다. 자연철학에 관한 아리스토텔레스의 저서들이 교과과정의 핵심을 이루었으며, 그의 논리적 연구를 토대로 스콜라철학이 탄생했다. 스콜라철학은 어떤 주제에든 적용될 수 있는 논리적 질문과 토론에 관한 엄밀하고 형식적인 방법론이었다. 중세의 대학은 이 철학에 토대를 두었다.

학문 연구를 위한 교육제도의 구심점으로서 대학이 차지하는 중요성은 아무리 강조해도 지나치지 않다. 저명한 학자인 에드워드 그랜트가 적었듯이, 중세 대학은 "서부 유럽의 지적인 풍토를 마련"했다. 대학의 최상위 학부는 신학이었지만, 그 전에 당대의 논리학, 수학 및 자연철학을 먼저 숙지하지 않고서는 신학자가 될 수 없었다. 중세의 발전된 기독교 신학에서는 그런 학문 분야들이 기본 과정으로 채택되어 있었기 때문이다. 실제로 당시의 가장 위대한 자연철학자들은 신학박사였다. 성 대 알베르토(Saint Albert the Great, 오늘날 과학자들의 수호성인), 프라이부르크의 테오도리코, 니콜 오렘, 랑엔슈타인의 헨리 등이 대표적이다. 모두 대학에서 교육을 받았고 또한 학생들을 가르쳤으며, 대학이 삶의 터전인 이들이었다.

13세기의 활발했던 지적 활동은 14세기에 들어서자 여러 재난이 닥치면서 한풀 꺾이고 말았다. 14세기 초반에는 중세 온난기가 끝난 탓인지 흉년이 거듭되었다. 그 무렵 인구가 한참 늘어 있던 유럽은 이로 인해 기근을 겪게 되었다. 14세기 중반 무렵에는 흑사병이 놀라운 속도로 전 유럽을 휩쓸어, 희생자들은 감염 후 일주일 만에 죽음으로 내몰렸다. 흑사병의 창궐만큼 삽시간에 속수무책으로 처참하게 생명의 손실과 사회적 동요를 초래한 사건은 일찍이 없었다. 1347년부터 1350년까지 불과 4년 만에 흑사병으로 유럽 전체 인구의 대략 절반이 죽었다. 이탈리아 르네상스의 첫 징후는 이 고난의 시기 직전부터 조짐을 보이기 시작했다. 시인 단테(1265~1321)가 흑사병 이전에 활동한 반면, 이후에 활동한 보카치오(1313~75)와 페트라르카(1304~74)는 고난의 시기를 견뎌냈다.

인문주의

흑사병이 절정에 달했던 시기가 지나고 한두 세대 후에 만개한 이탈리아 르네상스는 과학혁명을 위한 핵심적인 기반을 처음으로 마련해주었다. 이 기반이 바로 인문주의〔인본주의 또는 휴머니즘〕의 등장이었다. 인문주의는 간결하고 엄밀하게 정의하기가 어렵다. 여러 인문주의들, 즉 서로 관련된 지적, 문학적, 사회정치적, 예술적, 과학적 사조들의 집합을 논의하는 편이 더 쉽다. 인문주의자들은 누구나 예외 없이 자신들이 새로운 시대에 살고 있으며 이 새로운 시대의 과제는 고대의 성취들을 기리는 것이라고 확신했다. 그들은 고대 그리스와 로마의 작품을 연구하고 모방함으로써 레노바티오 아르티움 에트 리테라룸(renovatio artium et litterarum, 문학과 예술의 부활)을 추구했다. 따라서 이탈리아 르네상스 시기의 인문주의 역사가들로 인해 오늘날 우리에게 익숙한 3단계의 역사 구분이 생겨났다(그리고 오늘날의 역사가들은 지금도 그들의 영향력에서 벗어나려고 고군분투하고 있다). 레오나르도 브루니(1369~1444)와 플라비오 비온도(1392~1463)가 대표적인 인물이다. 이 시대 구분에 의하면 고대 그리스와 로마가 첫번째 시기이며 세번째 시기가 근대인데, 그 시작은 당연히 르네상스 저자들의 활동기부터다. 이 두 번영기 사이에 밋밋한 정체기인 '가운데' 시기가 위치하며, 따라서 '중세'라고 불리게 되었다. 실로, 르네상스 시기에 고안되어 가장 오랫동안 영향력을 미친 개념은 바로 중세라는 용어다. 그러다보니 이탈리아 인문주의자들의 업신여김이 깃들어 있는 저 용어 말고는 500년부터 1300년까지를 가리킬 다른 이름이 우리에게는 없다. 기근과 역병의 험난한 시기를 막 뚫고 나온 상황이었으니, 1400년경 이탈리아의 부흥은 분명 '새로운 시대'의 서막으로 비쳤을 것이다.

모방은 가장 진실한 형태의 숭배라고 할 수 있다. 따라서 인문주의자들은 고대 유산에 대한 존경을 표하기 위해 로마의 양식을 모방했다. 고대의 양식으로 되돌아가려는 시도는 이전에도 있었는데, 당대보다 600년 전의 카롤링거 르네상스가 대표적이다. 로마의 영광은 인류 역사에 진정으로 아주 긴 그림자를 드리우고 있다. 과거를 더 잘 알고자 하는 인문주의의 갈망은 까마득하게 잊힌 고전 문헌을 찾으려는 노력으로 이어졌다. 초기 인문주의자 중 한 명인 포조 브라치올리니(1380~1459)는 개혁적 성향의 콘스탄츠공의회(1414~18)에서 교황의 서기로 임명되었다. 공의회의 휴의 기간을 최대한 활용해 브라치올리니는 근처의 여러 수도원 도서관들을 누비면서 고전문학 작품들을 샅샅이 찾아냈다. 그 결과 쿠인틸리아누스의 수사학 저서와, 이전까지 알려지지 않았던 키케로의 연설문을 찾아냈다. 하지만 과학사에서 더 중요한 발견을 꼽자면, 고대의 원자론을 소개한 루크레티우스의 『사물의 본성에 관하여』, 천문학에 관한 마닐리우스의 저술, 건축과 토목에 관한 비트루비우스의 저술, 그리고 수로와 수력학에 관한 프론티누스의 저술을 찾아낸 것을 들 수 있다. 이런 저서들은 중세 수도사들이 필사한 형태로 수 세기 동안 전해지다가 수도원 도서관에서 (어쩌면 단 한 권 남은 유일한 판본으로) 오랜 세월 잠자고 있었다.

로마 학문의 부활과 더불어 인문주의자들은 그리스 학문도 되살려냈다. 서유럽에서 1000년 동안이나 전혀 연구되지 않았던 고전 그리스 문헌에 관심을 쏟게 된 계기는 그리스 외교사절 및 이에 동반한 성직자들이 1400년경 이탈리아를 방문한 것이었다. 이들의 임무는 터키의 위협에 대응할 지원 세력을 얻고 아울러 동방교회와 서방교회의 통합을 추진하는 일이었다. 두 교회는 1054년 이래로 분열되어 있었다. 일진으로 도착한 마누엘 크리솔로라스(1355?~1415)는 외교관으로 왔다가 그리스어 교사로서 이탈리아에 줄곧 머물렀다. 저명한 여러 인문주의자들이 그의 제자였다. 이들은 고대 그리스 문헌에 매료되었고, 급기야 콘스탄티노플까지 가서 필사본을 찾았다. 과리노 다 베로나(1374~1460)는 여러 상자 분량의 필사본을 가져왔는데 그 속에는 스트라본의 『지리학』이 포함되어 있었고, 그는 이 책을 직접 번역했다. 전하는 말에 의하면, 운반 도중에 필사본 한 상자를 잃어버리는 바람에 상심에 잠겨 과리노는 하룻밤 새 머리가 희끗희끗해졌다고 한다. 1430년대 피렌체 의회를 방문한 그리스 사절에는 저명한 그리스 학자 두 명이 포함되어 있었다. 그중 한 명이 바실리오스 베사리온(1403~72)으로, 나중에 추기경이 된 인물이다. 그는 거의 1000권에 가까운 그리스 문헌 필사본을 베네치아에 기증했다. 다른 한 명은 게오르기오스 게미스토스(1355?~1453?)라는 특이한 인물이었다. 플레톤이라고도 불렸던 이 사람은 나중에 고대 그리스 다신교의 부활을 지지했다. 플레톤은 피렌체에서 그리스어를 가르쳤으며, 플라톤 및 플라톤주의자들의 저서를 유럽에 소개하는 데 큰 역할을 했다. 그의 가르침 덕분에 당시 피렌체의 지배자였던 메디치가의 공작 코시모 1세는 피렌체에 플라톤 아카데미를 설립했다. 이 아카데미의 초대 회장이었던 마르실리오 피치노(1433~99)는 플라톤의 저서 및 후대 플라톤주의자들의 여러 저서를 번역했는데, 그중 대다수는 서유럽 독자들이 모르던 것이었다.

그리하여 15세기에는 12세기 때처럼 수많은 고대 문헌들이 다시 빛을 보았다. 그중 다수는 과학과 기술을 주제로 한 저술이었다. 하지만 인문주의자들은 단지 고대 문헌에 매료되었다기보다는 **순수하고 정확한** 문헌에 매료된 것으로 유명하다. 그들은 대학에서 사용되는 아리스토텔레스와 갈레노스의 문헌을 타락한 것이라며 얕잡아 보았다. 조악함, '아랍주의', 부가한 내용 및 잘못된 내용 등이 가득하다고 여겼기 때문이다. 또한 스콜라철학이 쓸모없고 품위 없으며 우아하지 않다고 여겨 거부했다. 대학(특히 이탈리아에 있는 대학보다는 북쪽에 있는 대학)을 그러한 정체된 '중'세의 유물로 여겼으며, 아름다움이 결여된 타락한 라틴어로 글을 쓴다며 대학의 학자들을 비난했다. 이렇게 볼 때, 인문주의의 한 가지 중요한 특징은 대학 바깥에 새로운 학문 공동체를 마련했다는 것이다.

오늘날에는 인문주의자들이 세속적이며 비종교적이거나 심지어 반종교적이라는 오해가 퍼져 있다. 물론 일부 인문주의자들은 교회의 그릇된 행위를 비난하고 스콜라신학을 업신

여기긴 했지만, 결코 기독교나 종교 자체를 거부하지는 않았다. 실제로 인문주의자들이 지지한 많은 교회 개혁은 언어의 개혁과 발맞추어 이루어졌다. 초창기 몇 세기 동안의 기독교회의 정신으로 돌아가자는 운동이었다. 인문주의자들 중 다수는 성직자이거나 교회 행정에 관여하거나 성직자들의 지원을 받는 이들이었다. 그리고 가톨릭교회도 공식적으로 인문주의자들을 후원했다. 더군다나 르네상스 시대의 많은 교황들이 열렬한 인문주의자였다. 특히 니콜라스 5세, 식스투스 4세, 피우스 2세가 대표적이다. 추기경들도 마찬가지였고, 법률가들 중에도 인문주의자들이 많았다. 요즘 시대에 흔히 하는 오해는 이른바 **세속적 휴머니즘**(secular humanism)과 혼동한 결과다. 이것은 20세기에 생긴 개념으로, 근대 초기의 인문주의와는 관련이 없다.

르네상스 인문주의가 과학과 기술의 역사에 미친 영향은 긍정적인 면과 부정적인 면이 함께 있다. 긍정적인 면을 보자면, 인문주의자들은 중요한 고대 문헌 수백 권을 되살려냈으며 새로운 수준의 본문비평을 촉진시켰다. 이들이 플라톤을 다시 소개하면서 덩달아 피타고라스 수학도 다시금 조명을 받았다. 덕분에 수학의 위상이 높아졌을 뿐 아니라, 대학에서 선호되던 아리스토텔레스 사상의 대안이 마련되었다. 고대의 문화를 계승하려는 소망은 이탈리아 전역에 걸쳐 토목 사업과 건축 프로젝트를 촉진했는데, 고대의 기술자였던 아르키메데스, 헤론, 비트루비우스, 프론티누스를 모범으로 삼았다. 부정적인 면을 보자면, 고대에 대한 추종에 치우쳐 로마제국 멸망 이후의 문화는 죄다 야만적이라고 치부하는 폐단이 있었다. 그런 까닭에 유럽은 아랍 및 중세의 성취를 존중하지도, 알려고 하지도 않게 되었다. 따라서 고대 세계 이후에 과학, 수학, 공학에서 이루어진 분명 중요한 발전들은 잊히고 말았다.

인쇄술의 발명

1450년경에 활자인쇄술이 발명되면서 인문주의자들은 책에 대한 욕구를 한껏 충족시킬 수 있었다. 이 기술을 발명한, 혹은 적어도 이 기술을 성공적으로 활용한 인물은 요하네스 구텐베르크(1398?~1468)이다. 그는 원래 독일 마인츠의 대장장이였다. 활자인쇄술의 핵심은 주조 활자의 제작이었는데, 이 활자 각각에는 양각문자가 하나씩 새겨져 있었다. 이런 활자들을 모아서 책의 전체 면을 구성할 수 있었다. 활자의 표면에 기름이 섞인 잉크를 발라서 종이에 대고 누르면 한 면 전체(또는 여러 면)가 한꺼번에 인쇄되었다. 수많은 복사본을 인쇄한 다음, 활자들을 떼내고 문자들을 쉽게 재배열하여 다음 면을 찍을 수 있었다. 이전에는 일일이 손으로 베껴서 책을 만들었기 때문에 시간이 오래 걸렸고 값도 비쌌다. 중세 후반기에 대학이 성장하고 글을 읽을 줄 아는 사람들이 많아지자 책에 대한 수요가 커졌다. 하지만 공급이 수요를 따라가지 못했던 터라 더 많은 책을 더 빠르게 만들어야 할 필요성이 커졌다. 그리하여 책 만들기는 비로소 선동적인 수도원 및 대학 필사실의 테두리를 벗어나게 되었다. 하지만 그러다보니 책을 만들 때 오류가 심해지고 말았는데, 인문주의자들은 이를 개탄했다. 바로 이 무렵에 등장한 인쇄술 덕분에 정확한 책을 더 빠르게 더 많이 만들 수 있었다. 하지만 종이 제작, 활자 조판 및 인쇄 과정에 일손이 많이 들다보니 책값은 여전히 비쌌다. (1455년에 인쇄된 『구텐베르크 성경』은 가격이 30플로린이었는데, 숙련공의 1년 치 급여를 넘는 금액이었다.)

하지만 필사에서 인쇄술로 바뀌는 데는 적잖은 세월이 걸렸다. 필사본 원고가 책과 더불어 여전히 존재하긴 했지만, 이런 원고들은 드물고 귀한 자료를 소수의 사람들이 사적으로 돌려 읽는 목적에 점점 더 국한되었다. 차츰 인쇄 활자는 필사본의 글씨체를 흉내냈다. 그 결과 북유럽에서는 고딕체로 인쇄된 책이 나왔다. 하지만 곧 이탈리아, 특히 베네치아가 인쇄 산업의 중심지가 되었다. 테오발도 마누치—알두스 마누티우스(1449~1515)라는 라틴어 이름으로 더 잘 알려진 인문주의자—와 같은 이탈리아 인쇄업자들은 이탈리아 인문주의자들이 개발한 더 깔끔하고 산뜻한 글자체를 도입했다(고대 로마인들의 글자체를 모방했다고 그들은 여겼다). 이렇게 해서 생긴 글자체는 이전의 글자체를 대체했을 뿐 아니라 오늘날에도 사용되는 대다수 글자체의 바탕이 되었다. 요즘 쓰이는 아름다운 기울임 글씨체를 가리켜 '이탤릭체'라고 하는 것도 이 때문이다.

인쇄기는 유럽 전역에 걸쳐 급속하게 퍼져나갔다. 1500년이 되자 1000여 기가 가동되었고 책은 약 3만~4만 종, 권수로 따지면 약 1000만 권이 발간되었다. 인쇄된 책의 급격한 증가는 16세기와 17세기에만 두드러진 현상이었다. 이후부터 책은 (종종 품질이 떨어지는 경우가 있었지만) 차츰 값이 싸졌기에 그리 부유하지 않은 사람들도 구입하기가 쉬워졌다. 인쇄술 덕분에 광고 포스터, 소식지, 팸플릿, 잡지 및 기타 자잘한 인쇄물들이 쏟아져나오면서 의사소통이 훨씬 빨라졌다. 이처럼 (오늘날로 치면 지난주의 신문처럼) 단명하는 인쇄물들은 제작 후 곧 사라졌지만, 근대 초기에는 매우 흔하게 만들어졌다. 인쇄기는 이전에는 결코 없었던 인쇄물이라는 새로운 세계(아울러 읽고 쓰기의 세계)를 창조했던 셈이다.

인쇄술과 관련하여 쉽사리 간과되는 측면은 바로 이미지와 도해를 재생하는 능력이었다. 이전 시대에는 원고에 삽화가 포함되면 곤란했는데, 이는 그림을 정확히 옮기는 일이 필사자의 솜씨에 달려 있었기 때문이다. 대체로 동식물 그림, 지도, 도표 및 수학이나 기술 관련 도해는 필사될 때마다 세부적인 표현이 나빠졌다. 일부 필사자들은 어려운 그림을 그냥 빼버리기도 했다. 인쇄술 덕분에 목판이나 동판으로 이미지를 재생할 수 있게 되자, 이미지가 들어간 책이라도 동일한 판본을 쉽고 정확하게 제작하는 일이 가능해졌다. 그렇다보니 저자가 글 속에 이미지를 포함시키기가 훨씬 수월해졌고, 덕분에 전에 없이 과학 관련 저술에 이미지가 많이 담기게 되었다.

지리상의 대발견

백문이 불여일견이라는 말도 있듯이, 그림으로 보여주는 능력은 기이하고 새로운 소식과 물건이 유럽으로 물밀듯 들어오던 시절에 특히 중요했다. 이런 정보는 유럽인들이 직접 찾아간 새로운 땅에서 나왔다. 유럽인들이 가장 먼저 찾아간 곳은 아시아와 사하라 이남의 아프리카였다. 유럽이 이런 곳과 접촉하게 된 것은 포르투갈인들이 인도와의 무역 항로를 찾아나서면서 시작되었다. 포르투갈인들은 육로 및 지중해 항로를 장악하고 있던 중개상인들—주로 베네치아 사람들과 아랍인들—의 손아귀에서 벗어나길 원했다. 15세기 초반에 항해왕 엔리케로 더 잘 알려진 엔리케 왕자(1394~1460)가 서아

프리카 해안으로 원정대를 보내기 시작했다. 이로써 사하라 이남 아프리카 지역 무역상들과의 직접 교역로가 마련되었다. 포르투갈 선원들은 점점 더 남쪽으로 내려가 마침내 1488년에 희망봉에 닿았다. 이어서 바스쿠 다가마가 1497년과 그 이듬해에 걸쳐 인도로 가는 항로를 개척함으로써 포르투갈인의 항로 개척은 절정을 맞았다. 포르투갈인들은 항로를 따라 곳곳에 교역 거점을 세웠는데, 이곳들은 20세기 중반까지 포르투갈 소유로 남아 있었다. 마침내 그들은 중국과도 정기적으로 무역을 하게 되어 향신료, 보석, 금, 도자기 등의 사치품을 유럽으로 가져갔다. 이때 머나먼 이국의 이야기는 물론이고 희한한 동식물과 낯선 사람들까지도 유럽으로 데려갔다.

이처럼 드넓어진 유럽의 지평은 르네상스 때 갑자기 시작된 것이 아니다. 중세는 르네상스 시기에 항해의 바탕을 이미 마련해두었다. 사실상, 15세기에 동쪽으로 나아간 항해는 13세기에 시작되었다가 14세기에 아시아의 정치적 격변으로 인해 중단된 두 세계의 만남을 다시 이어준 것일 뿐이었다. 중세의 여행자는 13세기의 두 교단—도미니크회와 프란체스코회—의 신도들이 주를 이루었는데, 이들은 종교적 및 외교적 임무를 띠고 머나먼 곳까지 두루 여행했다. 이들의 자세한 활약상은 현시대에 들어와서야 제대로 알려지고 있다. 그들은 페르시아와 인도는 물론이고 베이징에 이르기까지 곳곳에 종교 시설을 세웠으며 유럽에 온갖 정보를 보냈다. 이런 정보 덕분에 나중에 무역을 위한 항해도 가능했던 것이다. 이러한 중세의 여행 덕분에 유럽인들은 유럽 외에도 탐험할 더 넓은 세계가 펼쳐져 있음을 더 잘 알게 되었다.

포르투갈인들이 아시아를 향해 동쪽으로 가는 해로를 개척하고 있을 때 크리스토퍼 콜럼버스는 반대 방향의 뱃길을 잡았다. 지구의 둘레 길이는 고대에 꽤 정확하게 계산되었고 당시 유럽에서 이 계산치가 널리 알려져 있었다. 콜럼버스는 실제 지구 둘레가 그 값보다 약 3분의 1 남짓 작다고 확신하고, 서쪽으로 배를 타고 가면 동아시아에 더 빨리 닿을 수 있으리라 여겼다. 이런 착각을 하게 된 것은 어느 정도 프톨레마이오스(2세기의 지리학자 겸 천문학자) 때문이었다. 그즈음 인문주의자들이 찾아낸 프톨레마이오스의 『지리학』에는 지구의 크기가 이례적으로 작게 나와 있었고, 반면에 동쪽 방향으로 보았을 때 아시아의 거리가 너무 멀게 잡혀 있었다. 한편 콜럼버스의 후원자들은 이 정보를 의심했다. 그들이 보기에, 서쪽 항로는 더 멀리 둘러가는 길이기에 도중에 새로운 보급품을 제공받을 곳을 찾지 못한다면 선원들은 모두 굶어죽을 터였다. (아무도 콜럼버스가 '지구의 모서리 밖으로 항해한다'고 생각하지 않았다. 왜냐하면 지구가 공처럼 둥글다는 사실은 콜럼버스 이전에 이미 1500년 넘게 유럽에서 확립된 개념이었기 때문이다. 콜럼버스 이전 사람들이 지구가 평평하다고 여겼다는 발상은 19세기에 들어와서 꾸며진 관념이다. 중세 사람들이 그런 소리를 들었다면 한바탕 웃음을 터뜨렸을 것이다!) 어쨌든 1492년에 콜럼버스가 이끈 배들이 카리브해 지역에 도착했을 때, 그는 신대륙을 발견한 것이 아니라 아시아에 도착했다고 여겼다.

콜럼버스가 자신의 실수를 나중에 인정했든 안 했든 간에, 다른 이들은 그것이 신대륙임을 재빨리 알아차렸고 부리나케 그곳으로 몰려갔다. 신대륙 발견 소식은 신생 기술인 인쇄술의 도움을 받아 급속히 퍼졌다. 1507년에 한 독일인 지도 제작자는 이 새로운 땅에 아메리카라는 이름을 붙였다. 이탈리아 탐험가 아메리고 베스푸치의 이름을 딴 명칭이었다. 여러 지도에 그 이름이 쓰이고, 아울러 이런 지도와 함께 아메리고 베스푸치가 남아메리카에 대해 설명한 글이 발표되면서 이 이름은 정착되었다. 1508년에 스페인의 국왕 페르난도 2세는 신세계 항해 총책임자 직위를 새로 만들어 베스푸치를 그 자리에 앉혔다. 베스푸치는 카사 데 콘트라타시온(Casa de Contratación, 무역관) 내에서 이 직위를 담당했다. 1503년 세비야에 설립된 이 정부기관은 스페인으로 수입되는 물품에 대해 세금을 부과하고, 입국하는 여행자들에게서 온갖 정보를 수집하여 종류별로 기록해두며, 항해사와 선원들을 훈련시키고, 아울러 귀국하는 배의 선장에게서 일일이 수집한 새로운 정보를 바탕으로 지도를 지속적으로 갱신하기 위한 목적을 띠고 있었다. 세비야에서 수집된 지식과 실제적인 노하우 덕분에 스페인은 인류 역사상 최초로 '태양이 지지 않는' 제국이 될 수 있었다.

다른 나라들도 스페인과 포르투갈처럼 영토와 재산을 모으는 활동에 뒤처지지 않고자 경쟁에 동참했지만, 한 세기 조금 넘도록 이베리아반도를 기웃거렸을 뿐이다. 따라서 신세계에 대한 거의 모든 정보와 표본은 100년 동안 스페인과 포르투갈을 통해 유럽으로 들어왔으며, 이로 인해 식물과 동물, 그리고 지리에 대한 유럽인들의 지식은 완전히 달라졌다. 신세계에서 유럽으로 얼마나 많은 정보가 쏟아져들어왔는지는 가늠하기조차 어렵다. 새로운 식물, 새로운 동물, 새로운 광물, 새로운 약품, 새로운 사람들, 언어, 사상, 관찰 자료 및 자연현상에 관한 정보는 구세계가 도저히 소화해낼 수 없을 만큼 압도적으로 많았다. 이러한 '정보 과부하'가 발생하자, 유럽에서는 자연계, 그리고 지식을 다루는 방법을 바꾸어야 했다. 동식물을 분류하는 전통적인 체계는 새롭고 기이한 생물의 발견으로 인해 무용지물이 되었다. 탐험가들이 지구 구석구석을 다니며 사람이 살 만한 곳을 알아내게 되면서, 세계가 다섯 가지의 기후 영역—온화한 두 영역, 그리고 지나치게 덥거나 추워서 사람이 살 수 없는 세 영역—으로 나뉘어 있다는 고대의 개념이 거짓으로 밝혀졌다. 아메리카와 아시아의 막대한 자원을 개발해서 이용하려면 새로운 과학기술이 필요했다. 이에 부응하여 지리 정보와 항해 기록의 도움으로 지도 제작 기술이 발달했다. 그리고 유럽과 신대륙 사이를 안전하고 정확하게 오고가야 했기에 항해술, 선박 제작술, 무기 제작술 등이 더불어 발전했다.

기독교의 개혁

세상 곳곳을 둘러보면서 유럽인들은 다양한 종교적 관점을 접하게 되었고, 이로 인해 유럽 내에서도 종교적 관점이 다양해졌다. 1517년은 기독교 내에서 뚜렷한 분열이 시작된 해였다. 이 분열은 종종 폭력적인 형태로 표출되기도 했으며 장기간 지속되었다. 그해에 아우구스티누스 수도회 소속 신부이자 신학 교수인 마르틴 루터(1483~1546)는 유명한 '95개 논제'를 비텐베르크에서 발표했다. 이 논제 또는 주장은 신학 논쟁을 위한 주제 발표 형태로 작성되었으며, 면죄부 판매와 관련된 당시의 관행이 부당하므로 신학적으로 인정할 수 없다는 내용이 중심을 이루었다. 교리 문제를 둘러싼 비슷한 토론들은 논쟁을 좋아하는 중세의 대학 문화에서는 꽤 흔한 일이었지만, 루터의 항의는 신학적인 논쟁의 테두리를 벗어나 루터로서도 어찌할 수 없는 광범위한 정치적 및 종교적 운동으로 금세 번져나갔다. 처음에는 꽤 온건한 편이었지만, 루터의 주장은 차츰 대담하고 도발적인 면모를 띠었다. 종교적 관행에 관한 비교적 사소한 이의 제기로 시작해, 차츰 교리 문제를 진지하게 다루었다. 루터의 주장은 인쇄기에 의해 재빠르게 확산되었으며 지역적인 민족주의와 연결되면서 한층 심화되었다. 특히 로마가톨릭에서 분리되어 나가는 편이 정치적으로 이득이라고 여긴 독일 권력자들의 지지를 받았다. 따라서 처음에는 한 지역에서 벌어진 항의가 나중에는 뜻밖에도 개신교로 발전했다. 곧바로 개신교는 서로 의견을 달리하는 여러 교파로 나뉘었다. 가톨릭과 루터파 사이의 논쟁에 뒤이어 루터파와 칼뱅파 사이의 논쟁이 불붙었고 칼뱅주의자들 내에서도 분파가 생겼다. 이른바 '종파 간 전쟁'이 유럽을 뒤흔들었다. 교리와 관련된 사안보다는 정치 및 왕조의 통치와 관련된 사안으로 종종 촉발되곤 했던 이런 움직임은 특히 독일, 프랑스, 영국에서 이후 약 150년간 이어졌다.

루터는 인문주의자가 아니었다. 하지만 가톨릭에서 성경을 비유적으로 해석하는 데 반해 성경 내용을 있는 그대로 받아들여야 한다고 강조한 그의 주장은 인문주의자들의 성경 해석 태도와 비슷하다. 그런데 이런 유사성은 그가 고전('이교도')의 문학과 사상을 의심스럽게 여긴데다, 자기 생각과 어긋나는 성경 속 내용(『야고보서』)을 성경에서 빼길 바랐다는 사실을 알고 나면 더이상 설 자리가 없다. 반면 학식이 훨씬 더 깊었던 신학자 필리프 멜란히톤(1497~1560)은 루터와는 판이했다. 멜란히톤이라는 이름에서부터 인문주의자의 느낌이 물씬 풍긴다. 이 이름은 원래의 투박한 독일어 이름 슈바르체르트('검은 땅')를 고전 그리스어로 옮긴 것이기 때문이다. 이런 '자율적 고전화'를 제안했던 그의 숙부 요하네스 로이힐린은 당시 독일에서 가장 유명한 인문주의자였다. 루터가 대학의 스콜라철학을 배척한 것과 발맞추어, (역시 스콜라철학을 싫어했던 인문주의자인) 멜란히톤은 독일 대학들—특히 루터가 몸담고 있던 비텐베르크 대학—이 가톨릭에서 루터교로 개종할 때 교과과정과 교수법을 혁신했다. 이렇게 마련한 새 교과과정 덕분에 멜란히톤은 프라이켑토르 게르마니아이(Praeceptor Germaniae, '독일의 스승')라는 영광스러운 칭호를 얻었다. 그의 학문 연구 방식은 아리스토텔레스를 배제하는 것이 아니라, 진정한 인문주의자의 방식답게 중세 시대에 아리스토텔레스 사상에 덧붙은 '부가물'을 배제하고 아울러 고대 그리스 철학자들이 저술했던 더 나은 판본을 이용하는 것이었다. 이처럼 개신교 대학들은 새롭게 출발할 수 있는 훨씬 유리한 위치에 있었다. 즉 기존에 확립된 방식의 제약에서 훨씬 자유로웠기 때문에 이전의 제도에서는 들어설 자리가 없던 새로운 주제와 연구 방법론을 도입할 수 있었다.

가톨릭교회 내에서도 개혁운동이 진행되었다. 15세기에 교회 협의회에서 몇 가지 사안들을 논의하긴 했지만 그다지 성과를 보지는 못했다. 훨씬 극적인 사례로 트리엔트공의회(1545~63)를 들 수 있다. 이 범교회적인 회의는 개신교의 주장에 대응하여 부정부패의 일소, 교리의 명확화, 종교 관행들의 표준화, 그리고 징계 절차의 집중화 등을 논의했다. 제2차 바티칸공의회(1962~65)가 열리기 전까지 중세 이후로 가장 중요한 교회 협의회였던 이 트리엔트공의회는 가톨릭 개혁(또는 '반종교개혁')의 시발점이 되었다. 이 회의에서 취해진 조치에는 성직자를 위한 교육 강화가 포함되어 있었기에 많은 인문주의자들이 이 개혁에 지지를 보냈다. 하지만 이 공의회에서는 출간물이 가톨릭교회의 기존 교리에 맞는지를 감독하는 절차도 강화했다. 트리엔트 개혁은 새로 조직된 사제들이 주도했는데, 이들을 가리켜 예수회라고 한다. 성 이그나티우스 로욜라에 의해 조직되어 1540년에 교황의 승인을 받은 예수회는 주로 교육과 학문 연구에 몰두했으며, 특히 과학, 수학, 기술에 중요한 공헌을 했다.

예수회는 개신교도가 가톨릭교회로 돌아오도록 이끌었을 뿐 아니라, 설립 초기에 수백 개의 학교와 대학을 세워 큰 반향을 일으켰다. 예수회의 교육론은 혁신적인 방식의 교습 및 교과과정에 바탕을 두었는데, 이는 아리스토텔레스 학파의 방법론의 중요한 특징들을 계승하면서도 수학(1700년 무렵 유럽 전역의 수학 교수직 중 절반 이상을 예수회가 보유했다)과 과학을 중시하는 것이었다. 예수회 학교들은 과학혁명의 새로운 과학사상을 종종 가장 먼저 가르쳤으며 이러한 과학사상을 다루는 사상가들을 많이 배출했다. 예수회는 새로 개척된 무역로를 따라 전 세계에 퍼져나가, 중국과 인도, 그리고 아메리카에서 두드러진 활약을 했다(물론 여러 곳에 학교를 세우기도 했다). 또한 이들 덕분에 최초로 전 지구적인 서신 연락망이 마련되었다. 이 연락망 덕분에 생물 표본과 천문 관측 자료에서부터 먼 이국의 지식과 풍습에 관한 폭넓은 정보 및 공예품에 이르기까지 온갖 것들이 로마로 흘러들었다. 과학과 수학 연구에 대한 예수회의 태도는 '모든 것에서 하느님을 찾는다'라는 모토에서 잘 드러난다. 이러한 동기는 예수회의 강조 사항이기도 하지만 이 조직에만 국한된 것이 아니었다. 그러한 관점은 과학혁명 전반을 떠받치는 토대였다.

1500년대에 펼쳐진 새로운 세계

16세기 유럽인들은 급격하게 변하는 새로운 시대에 살았다. 바쁘게 살아가는 요즘 시대와 마찬가지로, 당시에 그러한 상황을 불안의 원천으로 여긴 이들도 많았지만 새로운 기회와 가능성의 세계로 본 사람들도 있었다. 유럽의 지평선은 모든 면에서 한껏 넓어졌다. 유럽인들은 지나온 역사를 재조명했고, 물리적으로나 문화적으로 더 넓은 세계와 마주쳤으며, 이전의 사상을 새롭고 참신한 관점으로 해석했다. 당시의 세계는 그야말로 온갖 물건이 풍성하게 갖추어진 시끌벅적한 시장의 풍경이었다. 온갖 목소리가 터져나와 다양한 사상, 상품, 가능성을 열띠게 홍보했다. 몰려온 사람들은 서로 부대끼며 다양한 상품들을 살펴보고 칭찬하고 구입했고, 때로는 하자를 따지고 외면하고 슬쩍 만져보기만 할 때도 있었다. 거의 모든 것을 구입할 수 있었다. '과학혁명'을 완전히 새로운 것이라고 결론내리든, 아니면 14세기의 일시적 침체기가 끝나고 중세 후기에 찾아온 지적인 발전의 부활이라고 결론내리든 간에, 16세기 및 17세기의 식자층이 그 무렵을 변화와 새로움의 시기라고 보았다는 점만큼은 의심할 수 없다. 실로 흥미진진한 새로운 세계가 펼쳐진 시기였다.

제 2 장

연결된 세계

근대 초기 사상가들이 바라본 세계는 고대 그리스어의 의미 그대로 우주(cosmos)였다. 즉, 모든 것이 잘 배치된 질서정연한 세계였다. 그들이 보기에 물리적 우주의 여러 구성 요소들은 정밀하게 연결되어 있었고 인간 및 신과도 밀접하게 관련되어 있었다. 세계는 연결성과 상호의존성의 복잡한 그물망 안에서 혼연일체가 되어 있었으며, 삼라만상이 목적으로 충만하고 의미로 가득차 있었다. 따라서 그들로서는 세계를 연구한다는 것은 그 안의 요소들에 관한 사실을 찾아내서 분류하는 일일 뿐만 아니라 숨겨진 설계와 은밀한 의도를 밝혀내는 일이기도 했다. 이런 관점은 오늘날의 과학자들이 지닌 태도와 뚜렷하게 다르다. 현대의 과학자들은 전문 분야를 특화해서 좁은 주제와 고립된 대상에 연구를 집중하고, 연구 방법은 종합보다는 분리를 강조하며, 세계관에서 보자면 의미와 목적을 굳이 물으려 하지 않는다. 이러한 접근법 덕분에 물리적 우주에 관한 방대한 지식이 확보되었지만, 한편으로는 세계가 분리되고 파편화되어 인간은 우주와 동떨어진 소외된 존재로 남을 수밖에 없었다. 거의 모든 근대 초기 철학자들은 세계를 포괄적인 전망에서 바라보았으며 그들의 동기와 질문과 연구는 그러한 전망에서 흘러나왔다. 그들이 세계를 연구하는 동기와 방법론을 이해하려면 그러한 세계관을 먼저 이해해야 한다.

밀접하게 연결되어 있고 의미로 가득찬 세계라는 개념은 그 기원이 다양하다. 하지만 무엇보다도 다음 두 가지를 빼놓을 수 없다. 하나는 플라톤과 아리스토텔레스의 사상, 다른 하나는 기독교 신학이다. 먼저 플라톤에서 비롯된 사상을 보자면, 특히 후기 플라톤주의자 내지 신플라톤주의자라고 불리던 사상가들—그리스 문화를 수용한 이집트에서 초기 기독교의 몇 세기 동안 플라톤의 사상을 활발하게 발전시킨 철학자들—은 스칼라 나투라이(scala naturae), 즉 자연의 사다리라는 개념을 내놓았다. 이 개념에 따르면, 세상의 모든 것은 연속적인 위계질서 안에서 특정한 위치에 속해 있다. 가장 높은 곳에 유일한 하나가 위치하는데, 이것이 바로 초월적이며 영원한 신이다. 신은 창조의 능력을 발산하여 삼라만상을 존재하게 만든다. 이 능력의 원천으로부터 멀리 떨어진 존재일수록 창조주보다 열등해지며 닮은 점이 적어진다. 가장 낮은 곳에는 움직이지 않는 무생물이 위치한다. 그 사이의 단계에는 아래에서부터 위쪽 방향으로 식물, 동물, 인간, 그리고 악마 및 온갖 종류의 신들과 같은 영적인 존재들로 채워져 있다. 일부 신플라톤주의자들의 목표는 이 계단을 올라가면서 더욱 영적이고 비물질적인 존재가 되는 것, 그리고 물질 단계로 하강하면서 생겨난 무지로부터 인간 영혼—인간의 가장 고귀한 부분—을 해방시키는 것이었다. 그리하여 최종적으로는 유일한 하나를 향해 가는 여정 속에서 영적인 존재의 단계들을 따라 영혼의 상승을 꾀하자는 것이었다. 고대 세계의 후반에 나온 이 개념은 기독교 교리에 영향을 주기도 했고 또한 기독교 교리에서 영향을 받기도 했다. 그리고 이교적인 악마와 여러 신들을 천사들의 위계 및 기독교 신이라는 유일신으로 대체함으로써 정통 기독교 신앙으로 기꺼이 흡수되었다. 그런 주장을 한 인물로, 5세기의 기독교 신플라톤주의자인 아레오파고스의 위(僞) 디오니시우스를 들 수 있다. 이와 같이 그런 사상들이 기독교 문화로 흡수된 덕분에 자연의 사다리라는 개념은 라틴 중세 시대에도 널리 알려지게 되었다. 비록 그런 사상의 원천인 플라톤의 문헌은 오랜 세월 동안 잊혔지만 말이다.

이러한 플라톤 문헌들 중에는 르네상스 시기에 인문주의자들이 재발견하여 마르실리오 피치노가 번역한 것이 있었다. 피치노는 또한 헤르메스 트리스메기투스라는 이름으로 알려진 저자의 일련의 작품을 입수해 번역 출간하였다. 헤르메스 트리스메기투스는 '세 번 위대한' 헤르메스라는 뜻이다. 이 사람은 모세와 동시대인인 이집트의 현자로 짐작된다. 피치노가 입수한 문헌은 대략 기원전 3세기부터 기원후 7세기 사이에 쓰인 방대한 『헤르메티카』(헤르메스가 지은 것으로 추정되는 저술)의 일부였다. 처음에는 훨씬 더 고대의 것이라고 여겨졌지만, 피치노의 『헤르메티카』는 기원후 2세기와 3세기 때 쓰인 것으로 추정된다. 이 저서가 중요한 까닭은 그 속에 나오는 신플라톤주의자인 등장인물이 인간의 전반적인 능력, 자연의 사다리에서 인간이 차지하는 위치, 그리고 이 사다리를 따라 올라갈 수 있는 인간의 능력을 강조했기 때문이다. 르네상스 시기의 많은 독자들은 『헤르메티카』에서 기독교의 전조를 읽어내고는 헤르메스 트리스메기스투스를 이방 선지자의 지위로 치켜세웠다. 그런 까닭에 시에나대성당에 조각해놓은 여러 선지자들 가운데에는 이 사람이 버젓이 자리하고 있다.

세상 모든 것이 각자 자기 위치에서 아래위의 다른 존재와 연결되어 있고 이러한 연결은 가장 낮은 단계에서 가장 높은 단계로 차츰 연속적으로 이루어진다는 개념을 가리켜 '존재의 위대한 사슬'이라고 했다. 이와 관련된 개념이 대우주인 마크로코슴(macrocosm)과 소우주인 미크로코슴(microcosm)이다. 이 개념은 우주의 기원에 관해 플라톤이 설명한 『티마이오스』에 나오는데, 이 책은 라틴 중세 시대에 플라톤의 저서로 유일하게 알려져 있었다. 이 두 그리스어 단어는 각각 '큰 질서정연한 세계'와 '작은 질서정연한 세계'라는 뜻이다. 대우주는 우주의 몸, 즉 별과 행성으로 이루어진 천체들의 세계이고 소우주은 인간의 몸이다. 핵심은 이 두 세계가 비슷한 원리에 따라 만들어졌기에 서로 밀접하게 관련되어 있다는 것이다. 『헤르메티카』에 나중에 포함된 8세기 아랍인의 책 『에메랄드 명판』은 다음과 같은 간결한 문구로 이런 관점을 요약하고 있다. "위와 같이 아래도." 이 문구는 근대 초기 유럽인들에게 널리 알려져 있었다. 플라톤이 보기에, 인간의 소우주가 천체의 대우주와 연결되어 있다는 것은 현실 생활에서 도덕적인 의미를 지녔다. 즉, 우리는 천상의 질서정연하고 합리적인 구조를 바탕으로 우리 자신을 질서정연하고 합리적인 방식으로 다스려야 한다. 근대 초기 유럽인들이 보기에 대우주-소우주의 연결은 무엇보다도 의학적인 의미를 지녔다. 따라서 그런 체계는 의학적인 점성술의 바탕이 되었다. 당시에는 다양한 천체들이 인체의 특정한 장기와 관련되어 몸의 작용에 영향을 미칠 수 있다고 보았다(5장을 참고하라).

서로 연결되어 있으며 의미로 가득찬 세계라는 관점에 이바지한 두번째 주요 인물은 아리스토텔레스였다. 특히 지식을 얻는 방법에 관한 그의 사상이 이 관점에 크게 이바지했다. 아리스토텔레스에 따르면, 어떤 것에 관한 적절한 지식은 '인과적 지식'이다. 이 용어를 이해하려면 설명이 필요하다. 아리스토텔레스가 주장하기를, 어떤 것을 알려면 그것의 네 가지 '원인' 혹은 존재의 이유를 확인해야 한다. 첫번째로 **작용인**(作用因)은 무엇이 또는 누가 그것을 만들었는지를 설명해준다. **질료인**(質料因)은 그것이 무엇으로 이루어져 있는지를 설명해준다. **형상인**(形相因)은 그것이 어떠한 물리적 특성을 갖는지를 설명해준다. 그리고 아리스토텔레스가 가장 중시한 원인이자 근대인들이 이해하기 가장 어려웠던 원인은 **목적인**(目的因)이다. 목적인은 그것이 무엇을 위해 존재하는지, 즉 그것이 존재하는 목적이 무엇인지를 설명해준다. 아리스토텔레스가 보기에 만물에는 저마다 목적이나 목표가 있었다. 이러한 '원인들'이 어떤 의미인지 아킬레스의 조각상을 예로 들어 설명해보자. 조각상의 작용인은 조각가, 질료인은 대리석, 형상인은 아킬레스의 아름다운 신체, 그리고 목적인은 아킬레스를 기념하는 것이다. 각각의 원인은 두 가지 이상이 있을 수도 있다(가령 조각상의 목적인은 장식일 수도 있고, 또 어떤 집에서는 조각상이 옷걸이 역할을 할 수도 있다.)

요점을 말하자면, 지식에 관한 아리스토텔레스의 관점, 특히 작용인과 목적인은 어떤 사물을 다른 사물과의 관계성이라는 맥락에서 정의했다. 무언가를 알려면 그것이 다른 것들(특히 그것을 존재하게 했거나 그것을 이용하는 다른 것들)과의 관계성의 그물망 내에서 어디에 위치하는지를 알 수 있어야 했다. 기독교 사회인 유럽에서 목적인은 신의 설계와 섭리라는 개념과 잘 맞아떨어졌다. 목적인은 본질적으로 창조를 위한 신의 계획의 일부였으며 제1의 작용인에 의해 창조된 피조물들 내에 비밀스러운 메시지로 심겨 있었다.

근대 초기의 여러 작가들은 연결된 세계라는 관점을 자신들이 이해한 저마다의 방식으로 표현했다. 영국의 자연철학자 로버트 보일(1627~91)은 화학 연구로 유명한데(지금도 화학과 학생들은 한 기체의 부피는 그것에 작용하는 압력에 반비례한다는 보일의 법칙을 배워야 한다), 그에 따르면 이 세계는 "잘 짜인 소설"이었다. 이 표현은 보일이 (즐겨 읽었던) 당대의 방대한 프랑스 소설 작품들을 염두에 두고 한 말이다. 이런 소설들은 분량이 2000~3000쪽이 넘기 일쑤였고, 누가 누군지 기억하기도 힘든 수많은 인물들이 등장하는 가운데 복잡한 줄거리가 놀랍도록 엎치락뒤치락하면서 누가 누구를 몰래 사랑하고 있고 누가 누구의 잃어버린 형제나 자식인지 아닌지를 폭로하는 이야기들로 가득차 있었다. 보일이 보기에 창조주는 궁극적인 소설가이며, 과학자는 이 소설가가 써놓은 세계 속의 온갖 관계와 얽히고설킨 줄거리들을 이해하려고 노력하는 독자였다.

예수회 소속 성직자이자 박식가인 아타나시우스 키르허(1601~80)는 로마의 유적들을 모아놓은 박물관을 차렸으며 또한 예수회 내에서 자연철학을 논의하는 중심적 인물이었다. 그는 자기 현상을 다룬 백과사전적 저서를 썼는데, 이 책의 아름다운 바로크식 권두화에다가 연결된 세계의 이미지를 그려넣었다(그림 1).

이 이미지는 일련의 원형 문장(紋章)을 제시하는데, 그 각각은 지식의 한 분야를 상징한다. 이를테면 물리학, 시, 천문학, 의학, 음악, 광학, 지리학 등이다. 하나의 사슬이 문장들을 서로 잇고 있는데, 이는 지식의 모든 분야들이 본질적으로 하나임을 나타낸다. 근대 초기인들이 보기에 과학, 인문학, 신학을 따로 떼어놓는 엄격한 장벽이란 존재하지 않았다. 그들은 상호연결된 방식으로 세계를 탐구하고 이해했다. 키르허의 이미지에서 이런 지식 분야들은 자연계의 주요한 세 부분을 나타내는 세 개의 큰 문장과 이어져 있다. 세 부분은 천상의 세계(달보다 더 멀리 있는 모든 천체의 세계), 지상의 세계(지구와 대기), 그리고 소우주(인간)이다. 이 세 부분 역시 서로 연결되어 필연적인 상호연관성을 드러내준다. 전체 이미지의 중심부

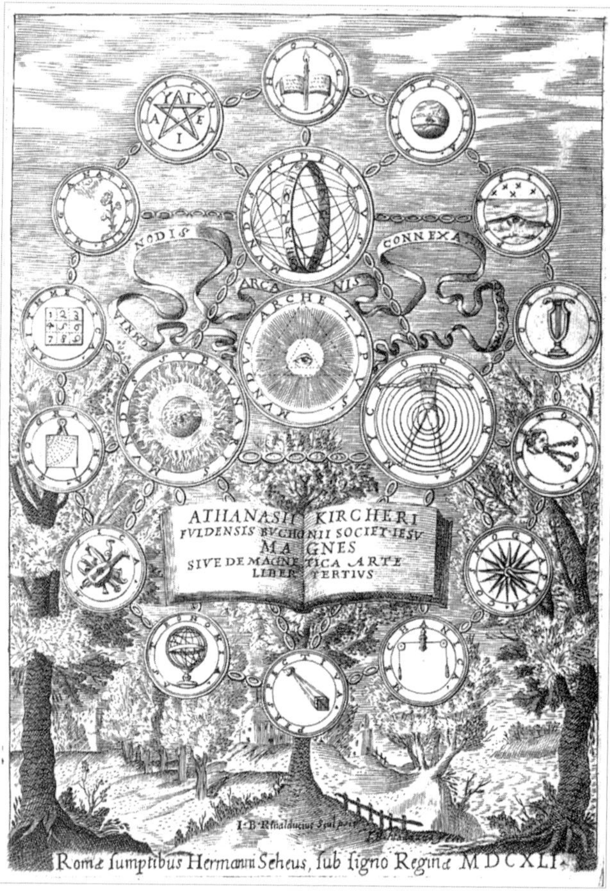

1. 아타나시우스 키르허가 쓴 『자석 또는 자기 장치』(로마, 1641)의 권두화에는 여러 지식 분야 및 신, 인간, 그리고 자연의 상호연관성이 표현되어 있다.

에는 이 세 개의 세계와 직접 연결되어 문두스 아르케티푸스(mundus archetypus), 즉 원형(原型)의 세계라는 문장이 놓여 있다. 이 문장은 만물을 창조했을 뿐 아니라 삼라만상의 원형 속에 깃들어 있는 신의 마음을 나타낸다. 키르허는 이 이미지에 한 라틴어 문구를 써놓아 대미를 장식하고 있다. 이런 뜻이다. "모든 것이 숨은 매듭에 연결되어 평온히 머문다."

학문 분야들 사이의, 그리고 우주의 다양한 측면들 사이의 상호연관성에 대한 이러한 인식이야말로 당시 **자연철학**의 특징이었다. 자연철학은 근대 초기의 학자들이 자연계를 연구하던 학문이다. 자연철학은 오늘날 우리가 과학이라고 부르는 낯익은 학문과 밀접한 관계가 있지만, 다루는 영역과 내용이 더 폭넓었다. 중세 또는 과학혁명기의 자연철학자는 (현대의 과학자들과 마찬가지로) 자연계를 연구하긴 했지만, 그들의 연구는 신학과 형이상학을 포함하는 더 넓은 시야 속에서 이루어졌다. 신, 인간, 자연의 세 구성 요소는 결코 서로 분리되지 않았다. 이후 자연철학적 관점이 차츰 축소되면서 더욱 전문적이고 좁은 '과학적' 관점이 등장한 것은 19세기부터였다(이 시기에야 겨우 '과학자'라는 단어가 처음 쓰였다). 근대 초기 자연철학자들의 활약상 및 연구 동기는 자연철학의 독특한 성격을 염두에 두지 않고서는 제대로 이해할 수 없다. 그들의 질문과 목표는 설령 동일한 대상을 연구하더라도 오늘날의 질문과 목표와 반드시 일치하지는 않는다. 따라서 과학사를 제대로 이해하려면, 당시의 시대적 맥락에서 자연철학자들이 '처음' 알아낸 과학적 성과만 살필 것이 아니라 그들의 눈과 마음가짐이 되어 그런 성과를 바라봐야 한다.

자연'마법'

이제껏 설명한 '우주적' 관점은 16세기와 17세기 사람들에게 널리 퍼져 있었으며 다양한 연구와 프로젝트의 밑바탕이 되었다. 비록 사상가들마다 이 세계의 상호관련성이 자신들의 연구에 미치는 중요성은 서로 다르다고 여겼지만 말이다. 이러한 세계관과 가장 밀접한 관련이 있던 자연철학의 양상은 **마기아 나투랄리스**(magia naturalis)이다. 이 라틴어 용어를 영어 'natural magic(자연마법)'으로 직역하면 오해의 소지가 있다. 현대인들은 '마법(마술)'이라는 단어를 대하면, 특이한 복장을 갖춘 사람이 모자에서 토끼를 꺼내거나, 뾰족한 모자에 검은 망토를 걸친 주름이 쪼글쪼글한 사람이 가마솥에 주문을 외우거나, 아니면 이보다 무난한 것이라 해보았자 해리 포터와 호그와트를 떠올린다. 하지만 근대 초기의 **마기아 나투랄리스**는 이런 것과는 판이했으며, 과학사의 한 부분을 차지하는 중요한 활동이었다.

마기아는 현대어로 옮기자면 '숙달' 또는 '통달'이 제일 적합할 것이다. 마기아를 실행하는 사람을 가리켜 **마구스**라고 불렀는데, 이 사람의 목표는 세계에 깃든 만물의 관련성을 통찰하여 실용적인 목적에 그러한 관련성을 이용하는 것이었다. 키르허의 권두화를 다시 한번 보자. 왼편 위쪽 구석을 보면, 마기아 나투랄리스가 산수와 의학 사이에 지식의 한 분야로 그려져 있다. 키르허는 이를 형상화하기 위해 하루종일 하늘의 해를 따라가며 몸을 돌리는 해바라기를 그렸다. (여러 식물들이 **굴광성**이라고 알려진 이런 행동을 보인다.) 해바라기는 왜 다른 대부분의 식물들이 그러지 않을 때에도 해를 따라갈까? 해와 해바라기 사이에는 어떤 특수한 관계가 있음이 분명하다. 해바라기가 해를 따라가는 능력은 이 세계의 숨겨진 관련성과 힘을 보여주는 대표적인 사례인데, 마구스는 이를 알아내어 이용하려고 했다.

중세 시대의 아리스토텔레스주의자들은 한 사물의 속성을 두 가지로 구분했다. 첫번째는 **드러난 속성**이다. 누구나 지니는 속성으로서, 우리의 감각기관으로 감지할 수 있는 것이다. 뜨거움, 차가움, 습함, 건조함이 대표적인 속성이다. 매끄러움, 거칢, 노란색, 하얀색, 쓴맛, 짠맛, 듣기 좋은 목소리, 향기로움 등도 이러한 속성에 속한다. 즉, 감각을 일깨우는 모든 것이 이에 해당한다. 어쨌거나 기본적으로 아리스토텔레스주의는 상식적인 방법으로 세계를 탐구했다. 아리스토텔레스주의자들은 이 드러난 속성을 이용하여 한 사물이 다른 사물에 미치는 작용을 설명했다. 가령, 차가운 음료가 몸의 열을 내리는 까닭은 차가운 속성이 뜨거운 속성을 상쇄시키기 때문이다. 하지만 어떤 물체들은 드러난 속성으로는 설명할 수 없는 특이한 방식으로 작용한다. 이런 물체들은 우리의 감각으로는 감지할 수 없는 **숨은 속성**을 지닌다고 여겨졌다. 이 속성은 때로는 매우 구체적인 방식으로 작용하는데, 이는 특정한 사물들 간의 보이지 않는 특수한 관련성을 넌지시 드러내준다. 중세의 자연철학자들은 그런 현상들의 목록을 작성했다. 한 가지 고전적인 예가 자석이다. (본디 자력을 띠는 광물인) 자철석은 철을 끌어당기는 불가사의한 능력이 있지만, 우리의 감각기관으로는 전혀 자력을 느낄 수 없기에 이 현상을 설명할 도리가 없었다. 해와 해바라기 사이에서 보이는 듯한 인력, 나침반의 바늘이 북극성을 향하는 현상, 아편의 수면 유도 효과, 달이 조수에 미치는 영향 등과 같은 다른 많은 것들도 마찬가지다. **마기아 나투랄리스**는 사물 및 현상의 숨은 속성을 탐구하여 이용하려는 노력이었다.

이런 관련성, 즉 '숨은 매듭'을 자연에서 어떻게 찾아냈을까? 한 가지 방법은 세계를 면밀히 관찰하는 것이었다. 누구나 동의하듯이, 면밀한 관찰은 과학 연구의 중요한 출발점이다. 마기아 나투랄리스는 그런 관찰을 장려했다. 예전에 자연을 관찰했던 사람들의 기록을 찾아내는 일도 마찬가지로 장려되었다. 자연을 관찰한 내용은 고대로부터 당시에 이르기까지, 일상적인 것에서부터 특이한 것까지에 걸쳐 다양한 문헌 속에 기록되어 있었다. 따라서 많은 자연마법은 인문주의자들의 독서법에 따라 문헌들을 꼼꼼히 읽는 것에 바탕을 두었으며, 이전 작가들의 여러 주장들을 모아서 지식의 복잡한 그물망을 만들었다. 자연에는 온갖 다양한 사물과 현상들이 가득하다보니, 열정적인 마구스의 임무는 상상을 초월할 만큼 방대했다. 세상 만물의 속성들을 일일이 분류하는 막대한 일이었다. 여기에 지름길은 없었을까? 일부 자연철학자들은 자연에는 마구스를 인도해줄 단서가 숨어 있다고 믿었다. 피조물을 이해하여 활용하길 원하는 자들을 위해 자비로운 신이 숨겨둔 힌트가 있으리라고 믿었다. 특징설(doctrine of signatures)의 주장에 따르면, 어떤 자연물들에는 숨겨진 속성의 징후가 '표시되어' 있다고 한다. 구체적으로 말하자면, 서로 연관된 두 사물은 어쨌든 비슷한 모습을 띠고 있거나 유사한 특징을 지니고 있다. 가령 해바라기는 해를 따라갈 뿐만 아니라 꽃잎이 실제로 태양의 색깔 및 모양과 닮아 있다. 그리고 식물의 다양한 부분들은 인체의 다양한 부분들을 닮아 있다. 가령, 껍질 속에 들어 있는 호두는 두개골 속의 뇌와 놀라우리만치 비슷해 보인다. 이것이 바로 호두가 뇌에 좋은 약이 된다는 징후가 아닐까? 자연마법의 실행자들은 이것이 참인지 아닌지 시험해보았을 것이다. 이처럼 특징설을 기반으로 시도한 관찰은 자연계를 연구하고 설명하고 이용하기 위한 유용한 출발점이 되었다.

특징설은 근대 초기에 널리 행해졌던 폭넓은 유비적 사고방식의 한 측면일 뿐이다. 근대인들은 그런 유사성을 단지 우연의 일치로 여기거나, 과학적이라기보다는 '시적'이라고 느끼게 될 테지만, 근대 초기의 사람들은 대부분 이와는 상당히 다른 관점으로 보았다. 그들은 세계의 상이한 부분들 사이에 서로 비슷한 연결고리가 있다고 예상했으며, 자연에서 드러난 유사성이나 대칭성이야말로 사물들 간의 진정한 관련성의 표지라고 여겼다. 인간이 상상으로 만들어낸 산물이 아닌, 자연계에서의 두 대상 간의 유사성은 창조의 청사진을 엿보게 해주는 사례였다. 신이 우주에 숨겨둔 만물의 관련성을 드러내주는 하나의 신호였던 것이다. 그러므로 당시에 유사성을 바탕으로 한 주장은 오늘날 우리에게 익숙한 정도를 훨씬 넘어서는 특별한 힘과 증명 능력을 지녔다. 이러한 관련성을 확신한 바탕에는 우주에 대한 흔들리지 않는 믿음이 있었다. 즉, 그들이 믿은 우주는 우연이나 무작위적인 우주가 아니라 의미와 목적으로 가득찬 우주였고, 인간을 이롭게 해주려는 신의 지혜와 섭리가 다양한 방식으로 펼쳐지는 우주였다. 이런 확신을 바탕으로 한 유비적 사고는 단지 자연마법만의 특징이 아니라 당시의 거의 모든 진지한 사상가들에게 해당되는 것이었다.

직접적인 관찰, 유비적 추론, 문헌의 권위, 그리고 사물의 유비적 특징을 이용하여 근대 초기 사상가들은 그들이 보기에 서로 관련되어 있다고 여긴 현상들을 방대하게 수집했다. 태양과 해바라기 사이와 같은 관계를 지닌 것으로 또 무엇을 들 수 있을까? 태양은 대우주에서 온기와 생명의 원천인데, 소우주에서 이에 해당하는 것은 다름아닌 심장이다. (키르허의 권두화를 다시 한번 보자. 소우주를 나타내는 인간의 모습에서, 심장 자리에 작은 태양이 놓여 있다.) 태양은 천체 중에서 가장 고귀하며 가장 노랗고 환한데, 따라서 광물의 영역에서 황금, 더 나아가 노랗거나 황금색을 띤 모든 사물과 유사성을 갖는다. 동물의 영역에서 태양은 아침에 수탉을 울게 만드는데, 여기에도 둘 사이의 특별한 관련성이 있다. 사자도 색깔이 황갈색이고 지위가 고귀하며 해를 닮은 머리를 갖고 있으므로(사자 머리 주위의 갈기는 햇빛이 퍼지는 모습이므로) 태양과 관련성이 있어 보인다. 마찬가지로 사자의 용맹함 또한 태양의 위엄에 대응한다. 태양, 해바라기, 심장, 황금, 노란색, 수탉, 사자는 모두 공통의 관련성을 지닌다. 숨어 있지만 실제로 존재하는 연결고리로 전부 이어져 있는 것이다. 자연마법의 옹호자들이 보기에, 이처럼 유사성에 바탕을 둔 관련성은 이용 가능한 실용적인 관련성이었다. 가장 직접적인 응용 사례는 황금이나 해바라기를 이용해 심장을 위한 약을 만드는 것일 테다. 앞으로 알아보겠지만, 이보다 훨씬 더 극적인 상황도 있을 수 있다.

서로 연결된 대상들이 이러한 유사성의 그물망 안에서 실제로 어떻게 결합되어 있는지는 의견이 분분했지만, 대체로 '공감'에 의해 함께 작동한다고 여겨졌다. 말 그대로 '서로 함께 아파하거나 함께 작용을 받는다'는 뜻이다. 잘 조율된 기타 두 대가 방안의 서로 반대편에 떨어져 있다고 상상해보자. 한 기타의 현을 뜯으면 다른 기타의 대응하는 현 또한 즉각 진동하면서 첫번째 기타에서 나는 음정을 울리기 시작한다. 오늘날 우리는 이 현상을 가리켜 공진 또는 공명이라고 한다. 근대 초기 사상가들이 보기에 이 현상은, 서로 '조화를 이루는' 사물들 간에는 멀리 떨어져 있더라도 보이지 않는 작용이 일어나는 대표적인 사례였다. 어떤 이들의 주장에 의하면, 공간적으로 떨어져 있는 사물들 간에 작용을 전달하려면 매체가 필요했다. 아리스토텔레스는 효과를 전달할 중간 매체가 없다면 한 사물이 멀리 떨어진 다른 사물에 작용을 가할 수 없다고 주장했다. 가령, 기타 현의 경우 두 악기 사이의 진동을 그 사이에 있는 공기가 전달해준다. 다른 공감 작용일 경우, 이 매질은 이른바 스피리투스 문디(spiritus mundi)일지도 모른다. 세계의 영(靈)이라는 뜻을 지닌 이것은 온 우주에 걸쳐 모든 것을 통과할 수 있는 비물질적 내지 반(半)물질적 실체로서, 멀리 떨어져 있는 두 물체에 서로 영향력을 전달하여 사실상 접촉한 상태에 있도록 해준다. 이 '영'은 지각 능력이 있는 어떤 초자연적인 실체가 아니라, 소우주에 사는 동물의 영에 대응하는 대우주의 실체다. 예를 들면, 2톤 트럭이 우리 앞으로 돌진하고 있음을 알아차렸을 때 인체 내에서 '움직여!'라는 명령을 신경을 거쳐 발에까지 전달하는 미묘한 물질인 셈이다. 마찬가지로 세계의 영도 태양으로부터 해바라기까지 또는 달로부터 바닷물까지 '신호'를 전달한다. 이런 식으로 대우주와 소우주는 신호를 전달해주는 영을 통해 서로 영향을 주고받는다. 그렇게 보자면, 대우주 자체도 분명 일종의 영혼을 가진다는 말이 된다. 플라톤이 『티마이오스』에서 주장했으며, 요즘 사람들로서는 특히 이해하기 어려운 개념인데, 다음 장에서 이 개념을 살펴보도록 하자.

집안일에서부터 연구활동에까지 이용된 자연마법

세계를 연결된 것으로 보는 자연마법의 이론은 인상적이며 우아하고 고상하기까지 하지만, 자연마법의 핵심적인 특징은 실질적인 응용에 있다. 근대 초기 자연마법의 실용적인 면은 일상적인 것에서부터 숭고한 것에 이르기까지 다양했다. 일상적인 것은 이론적 토대와는 거의 무관했다. 잠바티스타 델라 포르타(1535~1615)의 책 『마기아 나투랄리스Magia Naturalis』가 좋은 예를 제시해준다. 델라 포르타는 나폴리에서 최초의 과학협회—비밀의 아카데미—를 설립한 사람으로 유명하다. 또한 그는 갈릴레이가 회원으로 있었던 17세기 초반의 과학협회인 린체이 아카데미의 회원이었다. 델라 포르타가 지은 책의 제1장은 연결된 세계의 원리들을 요약하면서 마법이 어떻게 '자연의 전체 과정을 연구하는 활동'인지, 그리고 어떻게 '자연철학의 실용적인 부분'이 될 수 있는지를 언급한다. 그는 독자에게 이렇게 조언한다. "탐구에 매진하십시오. 성실하고 주의깊게 연구에 몰두하면서 또한 인내심을 가지십시오. …… 결코 수고를 아껴서는 안 됩니다." 델라 포르타의 책의 나머지 부분이 밝히는 자연의 실용적인 비밀에는 자기와 광학 분야의 관찰 결과가 일부 포함되지만, 책의 대부분은 인공적인 보석과 폭죽 제작, 동식물의 교배 방법, 향수 만들기, 고기 굽기, 과일 보관하기 등 집안일에 관한 정보로서, 세계에 관한 이론적 개념과는 전혀 무관하다. 오히려 델라 포르타의 책은 16세기와 17세기 내내 점점 더 인기를 누렸으며, 일부는 19세기에도 재발간되었던 '비밀의 책'의 전통과 잘 들어맞는다. 그런 책들 다수는 우주에 대한 광대하고 고상한 개념을 설명하면서 시작하지만, 주로 집안일이나 별장 관리에 대한 정보를 다룰 뿐 세계의 본질에 관한 내용은 거의 담고 있지 않다.

이러한 노선의 정점에 서 있던 사람은 마르실리오 피치노였다. 그는 생활방식 및 의례에서 세계의 연결성이라는 개념을 실제로 적용했다. 피치노는 곧잘 마음이 울적해진다고 불평하곤 했다. 그는 오늘날로 치면 우울증을 앓았던 듯하다. 당시의 의술에서는 흑담즙—서로 균형을 이루어야 건강을 유지할 수 있는 인체 내의 네 가지 '체액' 중 하나—이 많으면 우울증이 생긴다고 보았다. 실제로, 흑담즙을 뜻하는 그리스어 멜라이나 콜레(melaina cholē)가 현재 우리가 쓰는 단어인 멜랑콜리(melancholy)의 어원이다. (마찬가지로, 낙관적인 성격, 화를 잘 내는 성격, 침착한 성격은 각각 나머지 세 체액인 혈액, 황담즙, 점액이 많아서 생긴 결과로 보았다. 5장을 참고하라.) 피치노는 학자 생활과 우울증과의 관련성을 탐구하여, 동료 학자들에게 이 문제에 대처할 수 있도록 생활방식을 바꿀 것을 제안했다. 그는 인체의 흑담즙 과다 분비를 방지하기 위해 식단과 의약 보조식품을 마련했다. 또한 「하늘에서 생명을 얻는 방법에 관해」라는 글을 통해, 학자라는 직업에서 생기는 해로운 점을 상쇄하기 위해 천체의 영향력을 이용하라고 제안하고 있다.

의사들은 흑담즙이 차고 건조한 성질을 지닌다고 여겼다.

마침 토성이 그런 성질을 지녔기에, 둘은 서로 연관되어 있었다. 따라서 유사성의 그물망 내에서 흑담즙 및 토성과 유사한 것은 우울증 환자로서는 무엇이든 피해야 했다. 이와 상반된 성질을 갖는 태양(따뜻하고 건조함)과 목성(뜨겁고 습함)은 흑담즙의 차갑고 건조한 성질을 상쇄시킨다. 따라서 유사성의 그물망 내에서 태양 및 목성과 비슷한 성질을 갖는 것이라면 무엇이든 학자의 우울증을 상쇄시킨다. ('유쾌한' '명랑한'을 뜻하는 영어 단어 'jovial'은 문자 그대로 '목성Jupiter과 관련된'이라는 의미다. 위에 설명한 사고방식이 우리의 언어생활에 얼마나 깊이 스며들어 있는지를 보여주는 좋은 예다.) 그러므로 태양과의 관련성을 이용하려는 뜻에서, 피렌체의 인문주의자들은 다음과 같이 제안했다. 노란색과 황금색 옷 입기, 집안을 굴광성 식물의 꽃으로 장식하기, 햇빛을 많이 쬐기, 황금과 루비를 몸에 지니기, (사프란이나 계피 같은) '태양의' 음식 먹기, 화성적이고 장중한 음악 듣기, 몰약과 유향 피우기, 그리고 적당량의 포도주 마시기. 하지만 피치노는 일부 독자를 위해서 꽤 특이한 방법을 제안했다. 그가 번역을 맡았던 텍스트의 저자인 플로티노스와 이암블리코스 등 그 옛날 신플라톤주의자들의 선례를 따른 결과였다. 그것은 행성의 힘을 뽑아내어 저장할 수 있다는 이미지를 만들라는 제안이었는데, 이는 서품을 받은 로마가톨릭 사제로서 제안하기에는 문제의 소지가 있었다. 실로, 피치노는 바로 이 지점에서 자연마법과 영적인 마법의 경계선을 넘었다고 볼 수 있다. 비록 그 자신은 이런 해석을 반박할지 모르겠지만 말이다. 전자는 자연의 숨은 관련성을 이용했던 반면에 후자는 영적인 존재—그리스철학에 나오는 악마와 여러 신 또는 기독교 신학에 나오는 악마와 천사들—의 도움을 끌어들였다. 전자는 반박할 수 없는 것이었지만, 후자는 (충분히 타당하게도) 신학자들의 비난을 샀다. 피치노의 정통성에 관해 의문이 일었지만, 실제로 어떤 조치가 취해지지는 않은 듯하다. 왜냐하면 그런 의식은 순전히 과학적 또는 의학적인 것으로 해석하여 충분히 받아들일 수 있었기 때문이다. 가령, 한 세기가 지나서도 도미니크회 수도사인 토마소 캄파넬라와 교황 우르바누스 8세는 빛, 색깔, 향기, 소리를 이용한 의식을 거행했기 때문이다. 이들의 의식은 피치노가 제안한 방식과는 달랐지만, 어쨌거나 건강한 태양의 힘이 일시적으로 사라져서 생길지 모르는 해로운 영향을 상쇄하기 위한 행위였다. 구체적으로 말하자면, 일식이 일어났을 때 교황이 죽을지 모른다고 여겨 이를 막고자 한 의식이었다. 결과적으로 교황은 살아남았다. 이런 의식은 의도 면에서 자연마법이긴 했지만, 일부 구경꾼들은 그런 응용 사례를 의심의 눈초리로 바라보았다.

오늘날에는 자연마법의 응용 사례는 물론, 공감과 유사성을 통해 세계가 상호연결되어 있다는 개념 자체가 비합리적이며 미신적인 것으로 여겨져 배척되는 경우가 종종 있다. 하지만 이런 냉혹한 판단은 잘못이다. 이런 태도는 잘난 체하는 교만함과 역사적 몰이해에서 비롯되었다. 우리 선조들이 한 일은, 자연에서 불가사의하지만 분명 비슷해 보이는 여러 현상들을 관찰하여, 이를 비탕으로 세계의 상호관련성과 영향력의 상호전달에 관해 더욱 보편적인 진술, 즉 자연의 법칙을 이끌어낸 것이다. 이런 추론 덕분에 선조들은 우리와는 다른 사상을 지니게 되었다. 즉, 비슷하거나 유사성이 있는 사물들은 은밀히 서로에게 영향을 주고받는다고 여긴 것이다. 일단 이렇게 가정하고 나면, 나머지 체계는 그러한 가정을 바탕으로 합리적으로 세워진다. 우리 선조들은 세계를 이해하려고 노력했으며, 자연을 이해하고 자연의 힘을 이용하려고 시도했다. 또한 관찰되었거나 기록된 사례를 통해 귀납적으로 일반 원리를 유도해냈으며, 그다음에는 연역적으로 그런 원리로부터 생길 수 있는 결과와 사례들을 알아냈다. 오늘날 우리는 더욱 향상된 연구 결과를 알고 있기에, 태양과 해바라기, 달과 바닷물, 자석과 철 사이의 작용이, 서로 공감하는 숨겨진 매듭 이외의 다른 개념으로 더 잘 설명될 수 있다고 말할 수도 있다. 하지만 그렇다고 해서 선조들의 방법이나 결론이 비합리적이라거나 그런 방법이나 결론에서 비롯된 믿음이나 행위가 '미신적'이라고 말할 수는 없다. 만약 그런 비약이 허용된다면, 세계를 이해하는 과정에서 궁극적으로 거부될 과학 이론—현상을 옳게 설명한다고 현재 우리가 믿고 있는 일부 이론들도 물론 포함한—은 모조리 비합리적이거나 미신적인 것이 되고 말 테다. 그런 과학 이론은 당대에 활용 가능한 합리적인 아이디어, 관점, 정보를 바탕으로 도출된, 단지 착오가 있었던 개념으로 보아야 마땅한데 말이다.

과학 연구의 종교적 동기

자연마법은 연결된 세계, 대우주와 소우주, 그리고 유사성의 힘이라는 당시 널리 퍼져 있던 개념을 가장 강하게 드러낸 한 가지 예일 뿐이다. 그러한 사고방식은 자연마법을 진지하게 여기지 않은 다른 자연철학자들의 연구에서도 종종 암시적으로 드러났다. 가령, 당대의 모든 사상가들은 인간, 신, 그리고 자연계 사이의 긴밀한 관련성을 확신했으며, 이로써 신학적 진리와 과학적 진리 사이에 상호관련성이 있음을 확신했다. 따라서 당시에 논의된 주제들은 과학과 신학/종교가 뒤섞인 복잡한 성격을 띠었다. 근대 초기의 자연철학을 이해하려면 오늘날의 여러 가지 상식적인 가정과 편견에서 벗어나야 한다. 첫째, 거의 모든 유럽인, 특히 이 책에서 거론된 모든 과학사상가는 기독교를 믿고 실천하는 사람이었다. 현대적이든 아니든 간에 과학 연구에는 무신론—에둘러 표현하자면 '회의론'—이 필요하다는 개념은, 과학 자체를 종교로 삼길 바라는 (대체로 자신들을 그러한 종교적 위계질서에 포함시키는) 이들이 제안한 20세기의 신화다. 둘째, 근대 초기의 경우 기독교 교리는 의견이나 개인적 선택이 아니었다. 당시의 기독교 교리는 자연계의 사실이나 역사적 사실에 맞먹는 위상을 지니고 있었다. 물론 신학적 이론이나 예배 관행의 고차원적인 지점을 놓고서는 교파 간에 분명 이견이 존재했다. 마치 오늘날의 과학자들이 중력의 실재성이나 원자의 존재 또는 과학적 연구의 타당성을 의심하지는 않으면서 아주 미세한 지점을 놓고 서로 논쟁을 벌이듯이 말이다. 그렇다고 해서 신학이 결코 '개인적 믿음'의 지위로 전락한 적은 결코 없었다. 오늘날의 과학과 마찬가지로 당시의 신학은 모두가 동의하는 사실들의 요체이자 존재에 관한 진리를 끊임없이 추구하는 탐구 행위였다. 그렇다보니 신학적 교의들은 근대 초기 자연철학자들이 연구 자료로 쓴 데이터 집합의 일부로 간주되었다. 따라서 신학적 사상들은 과학 연구와 추론에 중요한 역할을 했다. 단지 과학 연구의 바깥에서 얼마간의 '영향력'을 미친 정도가 아니라, 신학적 사상은 자연철학자들이 연구하던 세계의 필수적이고 중요한 일부를 차지했다.

오늘날 많은 사람들은 19세기 후반에 만들어져 널리 퍼진 신화, 즉 '과학자'와 '종교주의자' 사이의 장대한 논쟁을 묵인한다. 유감스럽게도 양 진영의 일부 구성원들이 오늘날까지 이런 신화를 지속시키는 활동을 하고 있지만, 어떠한 과학사가도 이러한 '갈등' 모형을 인정하지 않는다. 그것은 역사적 상황을 올바르게 반영하지 못한다. 16세기와 17세기, 그리고 중세 시대에는 '종교주의자'의 박해에서 벗어나려고 고군분투하는 '과학자' 진영이 존재하지 않았다. 그처럼 분리된 진영은 아예 존재하지 않았던 것이다. 박해와 갈등이라는 대중적인 이야기들은 기껏해야 지나치게 단순화한 것이거나 아니면 과장한 것이며, 최악의 경우 민간에서 지어낸 이야기다(갈릴레이에 관한 3장의 언급을 참고하라). 오히려 자연을 연구하는 사람들은 종교적인 인물이었으며, 많은 성직자들이 자연을 연구했다. 신학적 연구와 과학적 연구 사이의 연관성은 **두 가지 책**에 담긴 사상에 어느 정도 바탕을 두었다. 성 아우구스투스 및 이외의 초기 기독교 저자들이 명확히 표명한 개념에 따르면, 신은 두 가지 상이한 방식으로 인간에게 자신을 드러낸다고 한다. 하나는 영적인 작가들에게 영감을 주어 성경이라는 책을 쓰게 만든 것이며, 다른 하나는 신이 세계를 창조함으로써 자연이라는 책을 펴낸 것이다. 자연은 성경 못지않게 우리가 읽고 이해해야 할 신의 메시지를 담고 있다. 지각 있는 독자는 피조물을 연구함으로써 창조주에 관해 많은 것을 배울 수 있다. 정통 기독교에 깊이 스며들어 있는 이 사상은 자연계를 연구하는 것 자체가 종교적 행위일 수 있음을 의미했다. 가령, 로버트 보일은 자신의 과학 연구가 피조물을 깊이 탐구함으로써 신에 관한 자연철학자의 지식과 이해를 드높이는 일종의 종교적 헌신이라고 여겼다(그러므로 특히 일요일에 하기에 적합한 일이라고 여겼다). 그는 자연철학자를 가리켜 '자연의 사제'라고 불렀는데, 이 사제의 임무는 자연이라는 책에 쓰인 메시지를 자세히 설명하고 해석하며 아울러 모든 피조물이 창조주에게 바치는 고요한 찬양을 수집하여 그 찬양이 들리도록 해주는 것이었다.

요약하자면, 근대 초기의 사람들은 우주적으로 상호연결된 세계를 다양한 방식으로 바라보았다. 그 세계에서는 인간과 신 그리고 모든 지식 분야들을 막론하고 모든 것이 전체와 미묘하게 연결된 일부였다. 어떤 측면에서 보자면, 생태학과 환경과학에서 일어난 최근의 발전은 근대 초기 자연철학자들이 품었던 이 상호연결된 세계의 보이지 않는 그물망을 회복시킨 것이라고 볼 수 있다. 그리고 근대 초기 사상가들은 중세의 사상가들과 마찬가지로 연결된 세계 및 의미와 목적으로 가득찬 세계를 바라보았을 뿐 아니라 불가사의, 경이로움, 그리고 전망으로 가득찬 세계 또한 바라보았다.

제 3 장

천상의 세계

근대 이전에 하늘은 그야말로 사람들의 일상세계의 절반을 차지했다. 하늘에서 벌어지는 천체의 운동은 늘 우리의 삶과 함께했다. 그런데 지금 우리는 역설적이고 안타깝게도, 과학의 발전 덕분에 이전보다 천체의 작동을 더 잘 이해하게 되었지만, 대다수의 사람들은 더이상 밤하늘의 움직임을 맨눈으로 보고 천상의 세계를 실감하며 그 아름다움에 감탄하지 않게 되었다. 우리 선조들처럼 밤하늘을 생생하게 목격하려면, 산업 시설과 빛의 공해로부터 멀찍이 떨어진 곳에서 하늘을 바라봐야 한다. 문자가 발명되기 훨씬 이전의 고대인들도 하늘의 움직임을 알고 있었다. 하지만 이 움직임을 어떻게 설명해야 할지 알아내는 일은 18세기까지 줄곧 총명한 사람들의 관심거리였다. 하늘의 숨겨진 구조를 차츰 밝혀낸 과정은 과학혁명의 핵심 이야기에 속한다. 당대의 가장 유명한 인물들—코페르니쿠스, 케플러, 갈릴레이, 뉴턴—은 이 이야기의 주요 등장인물이다. 실로, 당시에 천문학의 발전 과정은 오랫동안 이야기의 중심을 차지했다. 이를 통해 과학'혁명'이라는 말에 걸맞은 토대가 상당 부분 마련되었다.

1500년대의 지식인들이 보기에, 우주는 두 영역으로 나뉘어 있었다. 지구에서 달까지의 모든 것이 존재하는 **달 아래 세계(지상세계)**와, 달에서부터 그 너머 모든 것이 존재하는 **달 위의 세계(천상세계)**가 그것이다. 이런 구분은 아리스토텔레스가 한 것이었는데, 변하지 않는 하늘과 늘 변하는 지구라는 일상적인 관찰에 의해 이루어진 이분법적 구분이었다. 달 아래 세계에서는 땅, 물, 공기, 불이라는 4원소가 늘 결합했다가 분리되었다가 다시 결합한다. 새로운 것들이 나타나고 오래된 것들은 사라진다. 달 위의 세계는 전혀 달랐다. 그곳은 불변의 영역이었다. 아리스토텔레스가 태어나기 이전부터 오랫동안 별 관찰자들은 여러 행성과 별이 완벽하게 규칙적으로 운행 경로를 따르는 모습을 바라보았다. 달 위의 세계는 이처럼 변화가 없어 보였기에, 아리스토텔레스는 그 세계가 단 하나의 균질적인 물질로 이루어져 있다고 여겼다. 그가 에테르라고 이름 붙인 (후대의 작가들이 정수quintessence라고 불렀던) 이 다섯

번째 원소는, 순수하고 근본적이기 때문에 변하지도 않고 분해될 수도 없다고 보았다.

천문 관찰에 관한 배경지식

그리스인들은 천체의 운동을 물리학적으로 그리고 수학적으로 설명하려는 기나긴 여정의 첫걸음을 떼었다. 천체의 운동은 오늘날 대다수의 사람들이 인식하는 것보다 더욱 복잡하면서도 더욱 질서정연하다. 누구나 해가 뜨고 해가 지는 일상적인 운동에 익숙하다. 모든 것—해, 달, 행성, 별—은 하루에 한 번 떴다가 지며 동쪽에서 서쪽으로 하늘을 가로질러 이동한다. 다른 천체들의 운동은 더 주의깊은 관찰이 요구된다. 서로에 대해 상대운동을 하지 않기 때문에 '항성'이라고도 불리는 별들은 하늘에서 동일 위치로 돌아오는 데 24시간이 조금 덜 걸린다. 따라서 각각의 별은 매일 밤마다 조금(약 4분) 일찍 뜬다. 그러므로 매일 밤마다 똑같은 시간에 하늘을 바라보면 별자리들이 (북반구에서 보았을 때) 북극성 주위로 큰 원호를 그리며 움직이는 듯 보인다. 북극성은 소북두칠성(작은곰자리)의 제일 끝에 있으며 결코 위치가 변하지 않는다. 별들은 밤하늘에서 원래 자리로 돌아오는 데 1년이 걸린다. 마치 하늘에 별들이 박혀 있는 커다란 껍질(구)이 있어서, 이것이 지구 주위를 23시간 56분마다 회전하는 듯한 느낌을 준다.

태양은 조금 더 천천히 움직이는데, 한 번 회전하는 데 24시간이 꼬빡 걸린다. 따라서 태양은 매일 다른 별들과의 관계에서 자기 위치를 바꾸며 **별들을 배경으로 삼아 서쪽에서 동쪽으로** 천천히 이동하는데, 동일한 별과 같은 선상에 위치하려면 1년의 시간이 걸린다. 달도 비슷하게 움직이지만 훨씬 더 움직임이 두드러진다. 달은 매일 밤마다 약 50분 **늦게** 뜨기에, 만약 관찰자가 매일 밤 똑같은 시간에 달을 찾으면, 점점 더 동쪽에서 발견된다. (직접 나가서 시도해보시길!) 29일 후에 달은 처음 출발한 지점으로 되돌아온다. 행성들도 마찬가지로 운동하지만, 설명하려면 곤혹스러운 기이한 비틀거림이 있다. 대체로 행성들도 해와 달처럼 행동하기에, 별들을 배경으로 삼아 서쪽에서 동쪽으로 천천히 움직인다. 하지만 가끔씩 행성들은 천천히 움직이다가 멈추었다가 빙글 돌더니 반대 방향으로 움직이며 문득 동쪽에서 서쪽으로 가기도 한다. 이를 가리켜 **역행운동**이라고 한다. 잠시 후 행성들은 멈추었다가 다시 빙글 돌더니 원래대로 일상적인 운동을 재개한다.

고대 그리스인들은 별들을 배경으로 움직이는 일곱 개의 천체, 즉 태양, 달, 수성, 금성, 화성, 목성, 토성에 ('방랑자'라는 뜻의) '행성(planet)'이라는 이름을 붙였다. 하지만 행성은 멀리 방랑하지는 않는다. 행성의 운동은 황도대라고 불리는 하늘의 좁은 구간으로 제한된다. 황도대는 동일한 길이의 12개 구역으로 나뉘는데, 그 각각은 하나의 별자리를 담고 있다. 양자리, 황소자리, 쌍둥이자리 등이 그런 예다. 따라서 행성들이 별들을 배경으로 저마다 운동할 때는 마치 한 별자리에서 다음 별자리로 황도대를 따라 이동하는 것처럼 보인다. 한 사람의 '별자리'는 그가 태어나던 날에 태양이 황도대의 어느 별자리에 있었느냐에 따라 결정된다. 점성술에 대해서는 조금 후에 다시 설명하겠다.

역사적 배경

플라톤은 천체가 조화로운 수학 법칙에 따라 움직인다고 확신했다. 그는 은밀한 종교단체인 피타고라스 교파의 사상에서 영감을 받았다. 그들은 수학—수, 기하도형, 비율, 조화 등—이 우주와 생명의 근본이라고 가르쳤다. 플라톤은 물론이고 그에게서 영감을 받은 근대까지의 모든 사상가들은 창조주를 기하학자로 여겼다. 하지만 행성의 불규칙한 운동은 질서정연한 수학적 세계라는 개념과 어긋나 보였다. 이에 대해 플라톤은, 행성의 운동은 단지 불규칙적으로 **보일** 뿐이며 우리 눈에는 보이지 않는 숨겨진 신성한 규칙성이 존재한다고 주장했다. 그는 원이 가장 완벽하고 규칙적인 형태이며 원

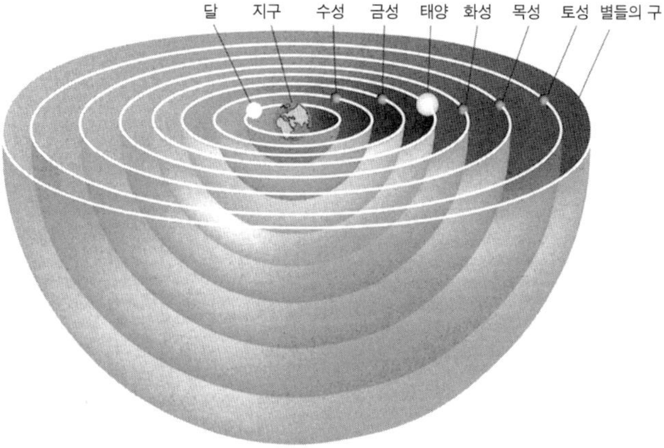

2. 아리스토텔레스의 동심원 구 모형을 단순화시킨 버전의 단면.

형 운동은 시작도 끝도 없이 영원하다고 여겼다. 따라서 플라톤은 제자들에게 **등속원운동**의 조합을 이용하여 행성의 겉보기운동을 설명하라는 과제를 던졌다. 이 과제는 천문학자들에게 2000년 넘게 영감을 주었다.

플라톤의 제자인 에우독소스는 동심원 구들로 이루어진 우주를 제안했다. 마치 양파 껍질이 겹겹이 포개어 있는 듯한 이 우주의 중심에 지구가 놓여 있었다. 각 구는 등속으로 회전하지만 각 행성은 여러 구들의 운동으로부터 영향을 받는데, 이런 영향이 합쳐져서 (근사적으로) 겉보기운동이 나타난다고 설명했다. 에우독소스의 체계는 **수학적인** 모형이었다. 그는 천체가 어떻게 물리적으로 작동하는지 또는 하늘에 실제로 구가 존재하는지는 신경쓰지 않았다. 요점은 관찰 결과를 수학적으로 설명하는 일이었다. 하지만 아리스토텔레스는 **물리적인** 모형을 원했다. 그는 에우독소스의 체계를 단단한 사물들로 실제로 구현하여 그 속에서 행성들이 이동할 수 있도록 했다. 이를 바탕으로 그는 어떻게 운동이 천체 시계의 톱니바퀴처럼 한 구에서 이웃 구로 옮겨질 수 있는지를 설명했다. 그의 업적은 천문학과 물리학이 서로 조화를 이루도록 한 것이었다(그림 2).

동심원 구 모형의 문제점은 관찰 결과를 정확하게 설명해내지 못한다는 것이다. 가령 행성들은 밝기가 변한다. 그래서

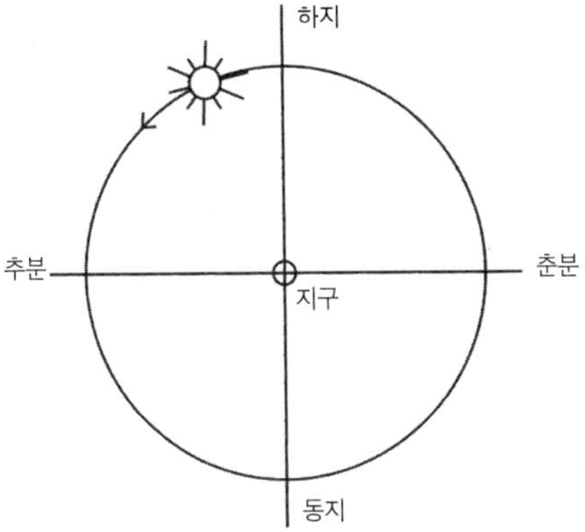

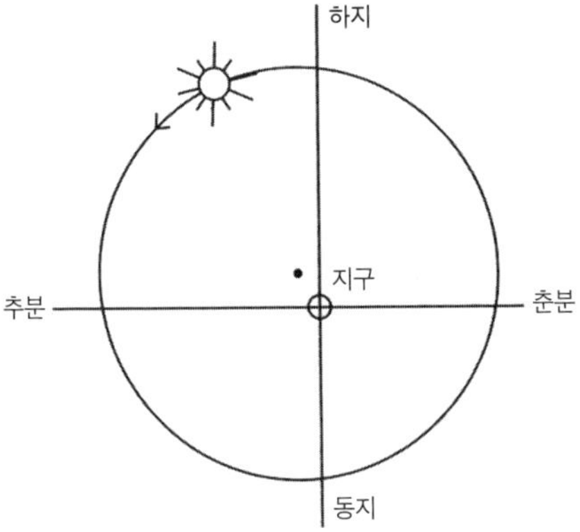

3. (위쪽) 만약 지구가 태양의 구의 중심에 있다면, 태양의 연중 겉보기운동은 네 개의 동일한 원호로 나뉘어 각 계절의 길이가 모두 같을 것이다. 하지만 사실은 여름이 겨울보다 길다. (아래쪽) 프톨레마이오스가 제시한 중심에서 비껴 있는 지구는 태양의 경로를 서로 다른 길이의 네 원호로 나누는데, 이는 계절의 길이가 서로 다른 현상에 정확히 대응한다. 이런 배치는 또한 태양이 여름에 더 천천히 이동하는 듯 보이는 까닭을 설명해준다. 여름에 태양은 지구에서 더 멀리 떨어져 있기 때문이다.

어떨 때는 가까이 있는 것처럼 보이고 어떨 때는 멀리 있는 것처럼 보인다. 그리고 계절도 행성마다 길이가 다르다. 행성들이 지구를 중심에 둔 구에 의해 움직인다고 가정하면 그런 현상이 도무지 설명되지 않는다(그림 3).

그후로 천문학자들이 이러한 문제점을 끊임없이 공략한 끝에, 드디어 클라우디오스 프톨레마이오스(90?~168?)의 체계가 완성되었다. 계절의 길이가 다른 문제를 해결하기 위해 프톨레마이오스는 **특이한 방법을** 이용했다. 지구를 중심에서 벗어나게 설정한 것이다. 그의 체계에서 각각의 구는 자신의 중심을 가지는데, 그중 어떤 것도 지구와 일치하지 않는다.

행성의 운동을 더 잘 설명하고 밝기 변화의 문제점을 풀기 위해 프톨레마이오스는 **주전원**(周轉圓)을 도입했다(그림 4). 각 행성은 작은 원형 궤도로 움직이는데, 이 원형 궤도는 지구 주위를 도는 더 큰 원(대원)상에 중심을 두고서 이 대원을 따라 다니며 회전한다. 주전원과 대원의 운동이 합쳐져 행성은 고리 모양의 경로를 이룬다. 이렇게 설명하면, 행성의 겉보기운동 및 가끔씩 행성이 지구에 가까워지면서 더 밝아 보이는 현상이 잘 이해된다.

프톨레마이오스의 체계는 행성의 위치를 정확히 예측하긴 했지만, 물리학적인 성향의 사람들보다는 수학적인 성향의 사람들에게 만족스러운 해답이었다. 아리스토텔레스의 물리학

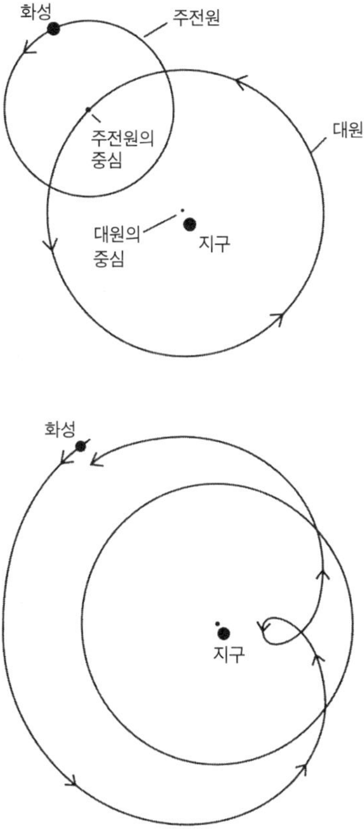

4. (위쪽) 프톨레마이오스가 제시한 행성의 주전원과 대원. 행성은 주전원상에서 반시계 방향으로(지구의 북극점을 아래로 내려다보며) 운동한다. 동시에 이 주전원은 역시 반시계 방향으로 운동하는 대원을 따라 회전한다. (아래쪽) 주전원과 대원의 운동이 결합되어 나타나는 행성의 겉보기운동. 행성이 대원 바깥에 있을 때는 어두워 보이며 서쪽에서 동쪽으로 이동한다. 대원 안쪽에 있을 때는 지구에 더 가깝기 때문에 행성은 더 밝아 보이는데, 가장 가까워졌을 때에는 동쪽에서 서쪽으로 이동(역행)하는 것처럼 보인다.

은, 무거운 천체가 우주의 중심을 향해 떨어지는데, 그런 까닭에 둥근 지구가 우주의 중심에 놓이며 다른 천체들은 지구를 향해 떨어진다고 주장했다. 하지만 프톨레마이오스의 지구는 중심에서 살짝 비껴 있다. 왜 지구는 중심을 향해 이동하지 않는가? 왜 무거운 물체들은 중심 이외의 다른 지점으로 떨어지는가? 수학적 모형과 물리학적 체계 사이의 이런 차이가 중세 아랍의 학자들을 곤혹스럽게 만들었는데, 아직 유럽에서는 아리스토텔레스와 프톨레마이오스의 저서가 알려져 있지도 않았다. 알하젠이라고도 불렸던 이븐 알하이탐(965?~1040)이 절충안을 하나 내놓았다. 그의 체계는 지구를 중심에 둔 구들로 이루어져 있는데, 물리학자들에게도 만족스러운 해답이었다. 하지만 이 구들은 딱딱하고 두꺼운 껍질로 이루어져 그 안에 원형의 터널을 품을 수 있었다. 이 터널은 지구를 중심에 두지 않으며, 행성들은 이 터널 속에서 자신의 주전원과 대원을 따라 움직였다. 이렇게 설명하면 관찰 결과와 맞아떨어졌다(그림 5).

중세 유럽 천문학자들은 아랍 학자들과 마찬가지로 이런 개념과 문제점을 함께 물려받았다. 이후로 그런 체계들을 줄곧 정교하게 가다듬고 갱신하면서 행성의 위치를 가장 정확히 예측하려고 노력했다. 그리고 이보다는 드물긴 했지만, 물리학적으로 만족스러운 체계를 내놓으려고도 시도했다.

THEORICAE NOVAE PLANETARVM GEORGII PVRBACHII ASTRONOMI CELEBRATISS.
DE SOLE
Sol habet tres orbes a ſe iuicē omniquaq; diuiſos atq; ſibi cōtiguos Quoꝝ ſupræ/mus ſecūdū ſuperficiē conuexā eſt mūdo cōcentricus: ſecūdū cōcauā aūt eccētricus Infimns uero ſecūdū cōcauā cōcentric⁹: ſed ſecūdū conuexā eccētric⁹ Tertius aūt i hoꝝ medio locatus tam ſecūdū ſuper/ficiem ſuā conuexā q̄; concauā eſt mūdo eccentric⁹. Dicit᷑ aūt mūdo cōcētric⁹ or/
THEORICA ORBIVM SOLIS.

5. 이븐 알하이탐이 절충안으로 제시한 두꺼운 구 모형. 이 모형은 게오르크 포이어바흐에 의해 유명해졌으며 천문학의 표준 교재였던 사크로보스코의 『구에 대하여』의 15세기 이후 판본에 실렸다. 1488년의 베네치아 판에 실린 이 이미지는 태양의 구를 보여준다.

근대 초기의 천문학 모형들

니콜라스 코페르니쿠스(1473~1543)는 일생의 대부분을 프라우엔부르크(오늘날 폴란드의 프롬보르크)의 대성당에서 참사회원—성직자들 중에서 행정을 맡은 직책—으로 보냈다. 그는 볼로냐 대학에서 교회법을, 그리고 파두아 대학에서 의학을 공부했으며 1503년 페라라 대학에서 법학박사 학위를 받았다. 볼로냐 대학에 있을 때부터 천문학을 연구하기 시작했으며, 1514년 무렵에는 지구가 아니라 태양이 행성계의 중심에 있다는 자신의 생각을 담은 개요서를 썼다. 그의 태양중심설(지동설)에 따르면, 지구는 자전축을 따라 하루에 한 번 회전한다. 이로 인해 모든 천체가 지구 주위를 매일 회전하는 듯 보이는 낯익은 상황이 연출된다. 태양이 황도대를 따라 이동하는 듯 보이는 것도 사실은 지구가 태양 주위를 공전하는 운동이 빚어낸 눈속임이었다. 화성, 목성, 토성에서 관찰되는 '고리'와 역행운동은 그 행성들 자체의 운동에서 생긴 것이 아니라, 지구가 태양 주위를 공전하는 과정에서 이들 행성의 궤도와 겹칠 때마다 지구의 운동과 그 행성들의 운동이 결합되어 생긴 것이었다(그림 6). 지구 주위를 회전하는 것은 오직 달뿐이다.

이 개요서는 원고 형태로 지인들 사이에서 돌아가며 읽혔는데, 덕분에 코페르니쿠스는 천문학자로서 상당한 평판

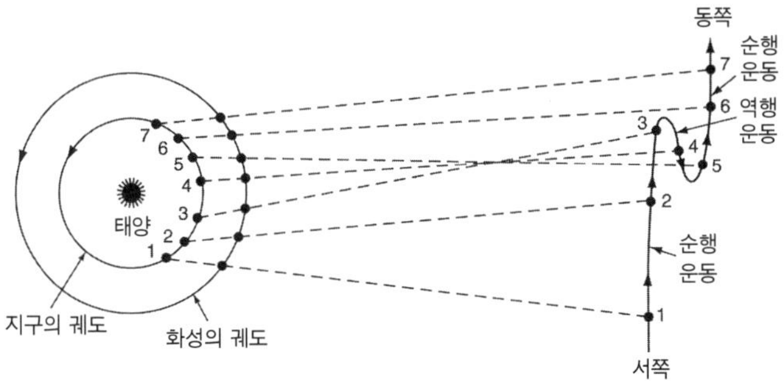

6. 외행성(화성, 목성, 토성) 가운데 한 행성의 역행운동을 코페르니쿠스가 설명한 그림. '고리'는 지구가 이런 행성들 중 하나를 지날 때 생기는 착시다.

을 쌓았다. 그러던 중 1515년에 한 교회 협의회는 율리우스력—로마 시대부터 쓰이던 역법이라 그 무렵에 재검토가 필요했다—의 개정을 고려하고 있다가 코페르니쿠스에게 의견을 물었다. (코페르니쿠스는 먼저 태양년(태양이 춘분점을 지난 후 다시 그곳을 통과하기까지의 시간을 말한다. 대략 365.24일이다)의 길이부터 더욱 정확하게 정해야 한다고 대답했다.) 하지만 코페르니쿠스는 자신이 알아낸 체계를 완벽하게 설명한 책을 발간하기를 계속 머뭇거렸다. 25년 넘게 태양중심설 모형을 가다듬고만 있었는데, 만약 여러 저명한 성직자들이 조르지 않았다면 영영 발표되지 않았을지도 모른다. 예를 들어, 1533년에 교황의 개인 비서인 요한 알브레히트 비트만슈테터는 코페르니쿠스의 체계를 강의하여 교황 클레멘스 7세를 포함해 여러 추기경을 감격시켰다. 카푸아의 추기경인 니콜라우스 쇤베르크가 코페르니쿠스에게 보낸 편지 내용은 이랬다.

> 내가 듣기에 당신은 지구가 움직인다고 가르치신다더군요. 태양이 가장 낮은, 그러니까 세계의 중심 자리를 차지하고 있다고 말입니다. ……그리고 천문학의 전체 체계를 담은 해설서를 준비하고 계시다고도 들었습니다. ……모쪼록 당신이 발견한 내용을 여러 학자들에게 알려주시기를 간절히 부탁드립니다.

하지만 코페르니쿠스는 계속 주저했다. 참사회원 일로 바쁜데다, 자신의 체계가 새로운 것이어서 비난을 받을까 두려웠던 것이다.

1538년에 젊은 천문학 교수인 게오르크 요아힘 레티쿠스가 함께 연구하자며 코페르니쿠스를 찾아왔다. 비텐베르크 대학에 있던 사람인데 멜란히톤의 권유로 코페르니쿠스를 찾아온 것이다. 레티쿠스는 코페르니쿠스의 사상을 요약해 발표하였다. 이 요약서가 꽤 긍정적인 반응을 얻자 코페르니쿠스는 드디어 자신의 원고 전부를 발간하기로 결심했다. 그래서 레티쿠스에게 원고를 건네며 책으로 발간해달라고 부탁했다. 이 일에 막 착수했을 때 레티쿠스는 라이프치히에서 근무하게 되는 바람에, 루터파 성직자인 안드레아스 오지안더에게 그 일을 맡겼다. 그리고 오지안더가 발간 작업을 마무리하여, 마침내 『천구의 회전에 관하여De revolutionibus orbium coelestium』〔라틴어 원제를 정확히 번역하면 『천구의 공전에 관하여』이다〕라는 제목으로 1543년에 발간되었다. 이렇게 해서 나온 책을 코페르니쿠스는 임종 직전에 받아보았다고 한다.

책이 나왔는데도 코페르니쿠스가 염려했던 비판은 제기되지 않았다. 책이 어느 정도 읽히긴 했지만 그 내용을 확신한 독자는 극소수였다. 아마도 16세기 말까지 코페르니쿠스의 체계를 확신한 사람은 열댓 명을 넘지 않았을 것이다. 왜 그랬을까? 코페르니쿠스의 지동설은 천동설에 비해 천문 관측 자료와 잘 들어맞지도 않았을 뿐더러 물리학적으로도 결코 단순하지가 않았다. 사실 코페르니쿠스는 그 체계가 관측 자료와 일치하도록 만들려고 여전히 주전원 및 중심에서 벗어난 태양이라는 개념을 사용했다. 게다가 움직이는 지구는 당시의 기본적인 물리학과는 물론 사람들의 상식과도, 그리고 어쩌면 성경과도 상충되는 개념이었다. 지구와 같은 무거운 물체는 자연스레 우주의 중심, 즉 가장 낮은 곳을 향해 떨어져야 했다. 당시로서는 이런 '자연스러운 위치'의 원리야말로 무거운 물체가 떨어지는 이유였다. 그런데 어떻게 지구가 통째로 중심으로부터 한참 떨어진 채로 허공에 매달려 있을 수 있다는 말인가? 그리고 상식적으로 볼 때 우리는 움직이고 있지 않다. 하루에 한 번 자전하려면 지구는 아주 빠르게 움직여야 하는데도, 우리는 움직임을 전혀 감지하지 못하는데다, 날고 있는 새나 구름도 회전하는 지구 때문에 뒤로 밀려나지 않는다. 사실 일부 중세 사상가들이 지구가 회전할 가능성을 논의한 적이 있기는 했다. 가령 니콜 오렘(1325?~82)이 내린 결론에 따르면, 모든 운동은 상대적이므로 기준점이 없다면 지구가 회전하고 있는지 천체들이 회전하고 있는지 구별할 수 없다. 그렇기는 하지만 지구가 고정되어 있고 천체들이 움직일 가능성이 더 높을 것이라고 그는 짐작했다. 성경을 글자 그대로 믿는 독자들은 고정된 지구와 움직이는 태양에 대한 구절을 인용할 수 있었다. 비록 그 구절은 다양한 해석이 가능하긴 하지만 말이다. 마지막으로, 만약 지구가 태양 주위를 공전한다면 별들은 시차(視差)를 보여야만 했다. 지구가 공전궤도의 어느 한 지점에서 다른 지점으로 움직일 때 별들의 상대적인 위치가 조금 이동되어야 하는 것이다. 하지만 시차는 관측되지 않았다. 따라서 지구가 움직이고 있지 않거나 아니면 별들이 **상상할 수조차 없을 정도로** 멀리 있거나, 둘 중 하나였다. 13세기에 이탈리아 노바라 출신의 캄파누스는 태양이 지구로부터 대략 1700만 킬로미터 정도 떨어져 있고 별들은 이보다 조금 더 멀리 있다고 추산했다. 중세에 가장 먼 거리를 여행한 사람이 보기에도 어마어마한 거리였다. 코페르니쿠스의 추산에 의하면, 태양까지의 거리는 약 6400만 킬로미터였다. 하지만 별들이 시차를 보이지 않았기에, (나중의 계산에 따르면) 별들은 적어도 2400억 킬로미터 이상 떨어진 거리에 있어야 했다. 이처럼 엄청난 빈 공간이 우주에 존재한다는 것은 코페르니쿠스의 독자들로서는 터무니없는 생각이었다. (실제로 지구에서 가장 가까운 별조차도 시차의 부재로 인해 예측되는 최소한의 아주 먼 거리보다 무려 170배나 더 먼 거리에 있다. 한편 별의 시차는 줄곧 관측되지 않고 있다가 1838년이 되어서야 겨우 관측되었다.)

코페르니쿠스는 비록 관측 증거는 없지만 여러 가지 이유로 지동설을 확신했던 듯하다. 교황 바오로 3세의 봉헌식에 보낸 편지에서, 코페르니쿠스는 프톨레마이오스의 체계가 이심원(離心圓)과 주전원의 개념을 사용하고 각 행성을 별도로 취급했다면서 '괴물'이라고 치부했다. 이 세계는 '가장 체계적이며 최고로 뛰어난 장인에 의해 창조되었기에' 조화로워야만 한다고 코페르니쿠스는 역설했다. 인문주의자였던 그는 자신이야말로 후대에 '덧붙여진 내용'을 제거하고, 천체 운동의 질서정연한 본질을 찾아내라는 플라톤의 원래 도전 과제로 되돌아갔다고 여겼다. 자신의 체계가 '새로운 것'으로 인식될까 두려워했던 그는 고대의 학자들—사모스의 아리스타르코스, 피타고라스, 그리고 키케로가 언급했던 니케타스라는 사람—을 인용하고, 심지어는 어떤 성경 구절을 지동설에 부합하도록 재해석함으로써 그러한 '새로움'을 가급적 줄이려고 애썼다.

하지만 누구든 코페르니쿠스의 체계를 참이라고 믿지 않는 한 그것의 가치를 제대로 알아볼 수는 없다. 행성의 위치를 결정하기 위한 도표는 지동설 체계를 따를 때 계산하기가 더 쉽다. 그러므로 일부 천문학자들은 그 체계를 '거짓이긴 하지만 편의상 유용한 개념'으로 받아들였다. 코페르니쿠스는 지동설을 세계의 참모습을 드러내는 이론으로 소개했지만, 오지안더는 코페르니쿠스의 책에 (서명도 없이) 자신의 서문을 슬쩍 끼

워넣어 코페르니쿠스의 의도를 깎아내렸다. 오지안더는 우리가 "행성 운동의 진짜 원인을 결코 알지 못한다"고 운을 뗀 다음 이렇게 덧붙였다.

> 이런 가정이 꼭 참이라거나 참일 개연성이 높을 필요는 없다. 다만 하나만 만족하면 된다. 즉, 관찰 자료와 일치하는 계산 결과를 내놓으면 되는 것이다. ……천문학에서는 확실한 것을 기대해서는 안 된다. 왜냐하면 천문학은 그런 결과를 내놓을 수 없기 때문이다. 게다가 다른 목적을 위해 만들어진 것을 참인 듯 받아들여서는 안 된다. 그랬다가는 이 연구는 어리석은 결과가 되고 말 것이다.

코페르니쿠스가 그전에 이미 뇌졸중으로 쓰러지지 않았다면, 오지안더의 글을 읽고서 쓰러졌을지 모른다. 레티쿠스는 격분하여 자신이 소장한 책에 있는 오지안더의 서문을 삭제해버렸다. 다시 한번 수학적 모형과 물리학적 모형 사이에 긴장이 고조되었다. 대다수 천문학자들은 주로 행성이 언제 어디에 있을지에 관심을 두었다. 따라서 태양이 지구 주위를 도는지 지구가 태양 주위를 도는지는 별로 중요시하지 않았다. 천문학 이론은 행성의 위치를 정확하게 알려주는 도표와 계산 결과를 내놓으면 충분했다. 대다수 천문학자들에게는 실용적인 결과가 이론보다 더 중요했다. 이런 상황을 이해하려면, 프톨레마이오스 시기 이전부터 천문학 연구의 주요 동기가 점성술임에 주목해야 한다. 실용적 수단인 점성술에서는 과거 또는 미래의 여러 해에 걸쳐 행성의 위치를 정확하게 계산할 수 있어야 했다.

실용적인 천문학, 즉 점성술

천문학은 천체의 위치를 관측하고 계산하며 우주의 체계를 가정했다. 점성술은 천체가 지구에 미치는 영향을 설명하고 예측하려고 시도했다. 일반적으로, 이 두 분야—전자는 이론적이고 후자는 실용적인—를 탐구한 것은 동일한 이들이었다. 다수의 근대 초기 천문학자들은 주로 점성술로 생계를 유지했다. 고대나 중세 또는 근대 초기의 점성술을 '신문의 별점'에 나오는 헛된 내용과 혼동해서는 안 된다. 점성술은 진지하고 정교한 체계로서, 천체들이 지구에 어떤 영향력을 행사한다는 사상—상호연결된 세계라는 개념의 핵심적인 부분—에 바탕을 두고 있었다. 대다수의 중세 및 근대 초기 점성술은 '마법적'이거나 초자연적이거나 비합리적인 것이 아니었다. 오히려 이 세계의 구성 원리의 일부인 자연의 메커니즘에 근거하고 있었다. 빛은 별에서 출발해 우리에게 도달하는

데, 그렇다면 그 빛이 어떤 추가적인 영향력을 동반하지 않는다고 볼 근거는 어디 있단 말인가? 불을 피울 때 나는 빛이 멀리 떨어진 물체를 덥혀주지 않는가? 지구에 미치는 천체의 영향은 쉽게 관찰할 수 있다. 달은 조수와 관련이 있고 태양의 황도대 위치는 계절과 관련이 있다. 인체에 미치는 영향도 명백하다. 여성의 월경이 달의 공전주기와 대략 일치하는 것이 대표적인 예다. 천체가 지구에 미치는 영향력은 너무나 의심할 바 없이 명백해 보였다. 점성술에 관한 논쟁은 대체로 이런 영향력이 얼마만큼인지, 또한 그 효과를 어떻게 정확하게 예측할지를 놓고서 벌어졌다. 일곱 행성들이 지속적으로 서로에 대해 위치가 바뀌고(성위星位), 아울러 태양이 열두 개의 황도대 별자리(수평선에 대한 상대적 위치)를 지나기 때문에, 천체들이 지구에 미치는 영향력은 엄청나게 복잡했다. 징후와 반대징후, 기지의 내용과 미지의 내용 등이 뒤엉킨 복잡성은, 오늘날로 치자면 전 지구적 기후변화의 원인들을 파악하거나 미래의 경제 동향을 예측하는 과제에 비견할 만하다. 현대의 이런 과제에 비하면, 근대 초기의 점성술사들은 상대적으로 예측 성공률이 더 높았다.

점성술에는 서로 겹치는 분야들이 섞여 있었다. 일례로, 기상학적 점성술은 다음해의 날씨를 예측하는 분야였다. 많은 점성술사들—종종 '수학자'라고도 불렸는데, 이는 점성술에 계산이 필요하다는 방증이다—은 생계 차원에서 달력, 달의 위상 변화, 일식이나 월식의 날짜, 날씨 예측, 그리고 중요한 사건이나 동향의 예언이 담긴 연감을 제작했다. 인쇄기 덕분에 제작비가 내려가자 이런 책자들이 널리 유통되었다. 의사들은 의학 점성술을 이용해 병의 치료를 위한 중요한 시기나 치료 절차, 병의 원인 등을 판단했다(5장을 참고하라). 탄생 점성술은 사람이 출생하던 바로 그 순간 행성들의 위치를 바탕으로 행성들이 아기에게 어떤 영향을 '새기는지'를 판단했다. 행성들의 영향력의 특정한 조합이 인체의 체액 계통 내에서 고유한 '천성', 즉 타고난 체질을 낳고, 이로 인해 특정한 성향이나 성격이 생긴다는 것이다. 이런 성향(특정한 병에 걸리기 쉽거나, 화, 게으름, 우울 등을 나타내기 쉬운 기질)은 출생 이후의 행성들이 나란히 배열될 때 일시적으로 나아질 수 있다고 보았다. 그런 점성술의 목표는, 한 인간의 천성에 대한 정보를 바탕으로 특정한 강점과 약점을 알아내고 아울러 위험한 때와 순탄한 때를 미리 알려주는 것이었다. 이런 관점이 더 강조되어 나타난 것이 판별 점성술이다. 이 점성술은 결정론적이라는 이유로 비판을 받았다. 이 점성술은 천체의 영향력이 우리의 행동과 운명을 직접 결정한다고 본 것이다. 신학자들은 그런 개념이 인간의 자유의지와 어긋난다고 비판했다. 근대 초기 학자들은 '별이 인간을 어느 방향으로 기울게 할 수는 있지만 전적으로 결정하지는 않는다'는 데 의견 일치를 보았다. 이를 잘 표현한 말이 사피엔스 도미나투르 아스트리스(sapiens dominatur astris, '지혜로운 사람은 별을 지배한다')이다. 요약하자면, 인간은 언제나 자신의 행동을 선택할 수 있다는 것이다. 비록 완전한 자유의지의 실행이 외부적인 영향력에 종속될 수도 있긴 하지만 말이다. (가령, 화성이 특정한 위치에 있으면 체액의 불균형이 초래되어 일시적으로 성마른 기질이 생겨 이성적 사고력이 줄어들 수 있다.) 실로, 근대 초기의 점성술과 현대의 '본성 대 양육' 논쟁은 둘 다 인간의 행동을 설명하려고 시도했다는 점에서 비슷하다고 볼 수 있다. 역설적이게도 두드러지는 차이점은, 현대인들은 자유의지를 우선시한 선조들의 관점을 까맣게 잊어버린 듯하다는 것이다.

어떤 판별 점성술은 중요한 행사의 길일을 정하는 데 쓰였다. 수학자이자 자연마법사인 존 디(John Dee, 1527~1608)는 점성술을 이용해 엘리자베스 1세의 대관식을 치르기에 가장 좋은 날을 정했다. 최초의 과학협회 중 한 곳인 린체이 아카데미의 설립일, 그리고 로마 성베드로대성당의 주춧돌을 놓는 날도 별점으로 정해졌다. 어떤 날짜는 좋은 '영향력'의 혜택을 받기 위해서라기보다는 어떤 사건에 특별한 의미를 더하기 위해 정해졌다. 미국 과학자들이 화성탐사선의 착륙일로 미국의 독립기념일을 택한 것과 마찬가지 이유다. 미래의 일—가령 전쟁이나 어떤 인물의 사망일—을 예측하려고 시도하는 판별 점성술의 유형도 있었는데, 이는 근대 초기 점성술의 학문적 바탕인 자연의 인과성 개념을 벗어날 우려가 있었다. 이 문제를 회피할 한 가지 방법은 특정한 천체 현상, 특히 혜성의 출현을 원인이 아니라 전조, 즉 앞으로 일어날 사건을 신이 미리 알려주는 징후로 간주하는 것이었다. 천체의 징후에 대한 관심은 북쪽에서, 즉 유럽의 개신교 지역에서 더욱 두드러졌다. 그렇게 된 데에는, 사크로보스코의 『구에 대하여』—당시의 기본 천문학 교재—의 개신교용 판본에 필리프 멜란히톤이 쓴 서문이 한몫했다. 이 서문에서 그는 점성술이 중요한 까닭은 하늘에 적혀 있는 신의 메시지를 읽게 해주기 때문이라고 역설했다. 요약하자면, 다양한 유형의 점성술은 더 나은 삶을 위한 유용한 정보의 원천 가운데 하나였다. 근대 초기 사상에서 점성술이 널리 퍼져 있었다는 사실은, 당시에는 천상의 세계가 사람들의 일상생활과 밀접하게 관련되어 있었음을 드러내준다.

천상의 변화와 신성한 조화

이처럼 하늘의 징후에 관심을 보인 대표적인 인물로 덴마크의 귀족이자 천문학자인 튀코 브라헤(1546~1601)를 들 수 있다. 1572년 11월, 그는 카시오페이아 별자리에서 이제껏 아무도 본 적 없던 밝은 물체를 보았다. 깜짝 놀랐다. 도대체 그것은 무엇이었을까? 그것의 출현은 무엇을 의미했을까? 1573년에 쓰인 튀코의 점성술 연감을 보면, 그는 이 현상을 설명하려고 온갖 노력을 기울인 끝에, 다가올 대격동기의 전조라고 결론지었다. 튀코가 관찰한 그 환한 빛은 혜성처럼 움직이지 않았다. 그를 포함한 유럽의 다른 학자들은 이 천체의 일주시차(지구의 자전으로 인해 발생하는 천체의 시차)를 측정해 거리를 알아내려고 시도했지만 시차는 측정되지 않았다. 이는 이 천체가 달보다 훨씬 더 멀리 있음을 의미했다. 변화가 없다고 여겨지던 달 너머의 영역에 있었던 것이다. 따라서 그것은 **새로운 별**이었다. (튀코가 본 것은 실은 초신성supernova이었다. 그때 대폭발로 인해 우주 공간에 퍼져나갔던 잔해들이 1952년에야 확인되었다. 노바nova라는 용어는 이 천체에 튀코가 붙인 '새로운 별'이라는 뜻의 라틴어 이름 스텔라 노바stella nova에서 나왔다.)

몇 년 후인 1577년에는 밝은 혜성 하나가 나타났다. 아리스토텔레스의 가르침에 따르면, 별똥별처럼 혜성은 상층 대기의 가연성 증기가 점화되어 생기는 '달 아래 세계의' 현상이었다. 불규칙적으로 변하기 때문에 혜성은 불변의 천상(달 너머) 세계에 속할 수가 없었다. 점성학적으로 볼 때, 1577년의 혜성은 몇 년 전의 새로운 별이 준 경고의 연장선상에 있는 것이라고 튀코는 결론지었다. 하지만 이번에는 일주시차가 측정되었다. 다른 사람들의 확인을 거친 튀코의 일주시차 측정값에 따르면, 그 혜성은 달보다 훨씬 멀리, 즉 금성의 구 내에 있었다. 튀코는 1585년에 또하나의 혜성이 등장했을 때도 동일한 관찰 결과를 얻었다. 이런 혜성들은 '불변의' 천상세계에도 변화가 존재한다는 증거였으며, 거리로 볼 때 이 혜성들은 행성의 구들을 통과해서 들어오고 있었다. 즉 행성들을 움직이게 만드는 단단한 구들이 존재하지 않는다는 말이었다. 그렇다면 어떤 행성을 특정한 경로를 따라 움직이게 만드는 것은 무엇일까? 행성이 단단한 구에 속박되어 있지 않다는 이 곤혹스러운 사실은 천체들의 경로가 서로 겹칠 수 있음을 의미했다. 이를 바탕으로 튀코는 프톨레마이오스 체계와 코페르니쿠스 체계에서 제일 좋은 부분만을 골라 자신의 관찰 결과와 결합시켜 새로운 체계를 고안해냈다. 튀코의 **지구태양중심** 체계에 따르면, 상식과 성경의 내용에 부합하게끔 지구는 가운데서 멈추어 있고 달은 지구 주위를 돈다. 하지만 행성들은 전부 태양 주위를 돌았고, 태양은 다시 이 행성 수행단을 거느린 채 지구 주위를 돌았다.

튀코가 덴마크해협의 벤 섬에 자신이 지은 성곽 천문대인 우라니보르 안에서 꾸준히 천체를 관측하여 당시로서는 가장 정확한 관측 자료를 확보해가고 있을 때, 요하네스 케플러

(1571~1630)는 매우 놀라운 발견을 이루어냈다. 1590년대에 그라츠에 있는 한 고등학교의 교사로 지내던 케플러는, 오늘날의 과학자라면 묻지 않을 질문을 놓고서 고심하고 있었다. 코페르니쿠스의 체계에서는 오직 여섯 개의 천체가 태양 주위를 돌았다. 일곱 개의 천체가 지구 주위를 도는 것이 아니었다. 일곱 개의 행성은 일주일이 7일이라는 사실, 일곱 가지의 알려진 금속, 음계의 일곱 음정, 그리고 세상에 존재하는 다른 온갖 중요한 일곱 가지들과 잘 맞아떨어졌다. 일곱 개의 행성은 상호연결된 세계에 걸맞은 조화로움을 지니고 있었다. 하지만 여섯은 그렇지 않았다. 그렇다면 왜 오직 행성은 여섯 개만 존재하며, 왜 신은 거리에 따라 여섯 개의 행성을 배치했을까? 근대 초기는 의미와 목적으로 가득찬 세계관이 지배하던 시대였기에, 모든 것에 신의 뜻이 담겨 있어야 했다.

1595년 7월 19일, 강의를 하던 도중에 케플러는 갑자기 다음과 같은 내용을 깨달았다. 한 원 내부에 한 정다각형(정삼각형, 정사각형, 정오각형 등)을 내접시키고, 이어서 그 정다각형 안에 원을 내접시키면, 두 원의 상대적 크기가 선택된 다각형에 의해 특정한 값으로 정해짐을 알아차린 것이다. 기대에 들떠 케플러는 다양한 정다각형들에 의해 결정되는 비율들을 계산하기 시작했다. 그런 조합 중 어느 것이 태양과 행성들의 거리 비율과 일치하는지 알아보기 위해서였다. 어떤 조합도 일치하지 않았다. 그에 굴하지 않고서 이번에는 원과 정다각형 대신에 구와 정다면체로 시도해보았다. 구와 정다면체를 적절한 순서로 내접시키자, 코페르니쿠스 이론에 따라 계산된 태양과 천체 사이의 거리와 일치하는 크기의 구들을 얻을 수 있었다. 게다가 구들 사이의 거리를 띄우는 데 쓰일 정다면체는 오직 다섯 개만 존재하기에(모든 면이 동일한 입방체, 즉 이른바 플라톤의 입체는 정사면체, 정육면체, 정팔면체, 정십이면체, 정이십면체뿐이다) 구도 오직 여섯 개만 존재했고, 따라서 행성도 오직 여섯 개만 존재했다. 케플러가 보기에 이것은 놀라운 발견이었다. 자신이 행성들의 개수와 거리가 그처럼 정해진 이유를 알아냈으며 천상의 기하학적 구조를 밝혀냈다고 여긴 것이다. 이 구조가 지닌 아름다움은 코페르니쿠스 체계가 옳다는 가장 확실한 증거로 보였다. 이 놀라운 상관관계는 결코 우연일 수가 없었다. 케플러는 신이 하늘에 그려놓은 수학적 청사진을 자신이 발견해냈다고 믿었다.

케플러는 근대 초기에 당연시되었던 학문 연구의 총체성을 대변한다. 신학 연구와 과학 연구는 분리되어 있지 않았다. 물리적 세계를 연구한다는 것은 신의 피조물을 연구한다는 것이었고, 신을 연구한다는 것은 세계를 이해한다는 것이었다. 사실상 케플러가 코페르니쿠스 사상을 확신한 이유들 가운데 하나는 태양중심 체계의 우주가 물리적 측면에서 삼위일체와 맞아떨어졌다는 점이다. 가운데에 있는 태양은 성부를 상징했고, 햇빛을 받아 비추는 고정된 별들의 구는 성자를 상징했으며, 신학적으로 볼 때 부자 간의 사랑인 성령은 둘 사이의 빛으로 가득찬 우주 공간이 상징했다. 두 가지 책이라는 개념을 바탕으로, 케플러와 동시대인들은 신이 피조물 속에 인간이 찾아야 할 메시지를 숨겨놓았다고 확신했다. 신학적 동기, 즉 자연의 책에 숨은 그러한 메시지를 읽어내려는 소망이야말로 근대 초기 내내 과학적 탐구의 가장 큰 동기였다.

케플러는 자신이 발견한 내용을 『우주의 신비』(1596)에 담아 발표했으며 책 한 권을 튀코 브라헤에게 보냈다. 그러자 튀코는 케플러에게 함께 연구하자고 제안했다. 케플러는 처음에는 거절했다. 하지만 튀코가 황실 고문직을 맡아 프라하에 있던 황제 루돌프 2세의 궁전으로 거처를 옮긴 이후, 케플러도 1600년에 그곳으로 갔다. 다음해에 이 덴마크 귀족이 죽자 황제는 케플러를 황실 수학자로 임명했다. 이미 튀코는 케플러에게 화성의 운동을 연구할 수 있도록 관측 자료들을 맡겨둔 터였다. 튀코가 관측한 화성의 위치 데이터에 맞는 궤도를 알아내려고 오랫동안 고군분투한 끝에 케플러는 놀라운 결론에 이르렀다. 행성의 위치는 행성의 운동 경로가 원이 아니라 **타원**궤도를 그릴 때 가장 잘 설명될 수 있음을 알아낸 것이다. 따라서 스스로도 마뜩잖아하면서도 케플러는 원을 고집했던 지난 2000년 간의 천문학적 전통을 깨트렸다. 하지만 (케플러의 표현처럼) 튀코가 '수정 구들을 부수었는데', 그렇다면 무엇이 행성들을 타원궤도상에서 운동하게 만드는가? 케플러는 태양 속의 '운동하는 영혼'(아니마 모트릭스 anima motrix), 즉 행성들을 미는 신비스러운 힘을 가정했다. 햇빛과 마찬가지로 이 힘은 거리에 따라 줄어들었기에, 멀리 있는 행성일수록 더 천천히 움직였다. 지구가 거대한 자석이라고 했던 윌리엄 길버트(1544~1603)의 최신 주장에 따라(4장을 참고하라), 케플러는 자기와 유사한 두번째 태양의 힘을 가정했다. 이 힘은 어떤 지점에서는 행성을 끌어당기고 다른 어떤 지점에서는 행성을 밀어냈다. 행성들은 구의 도움 없이 아니마 모트릭스와 '자력'의 결합 덕분에 타원궤도로 움직였다. 그리고 태양에 가깝게 끌어당겨질 때에는 빠르게 운동했고 태양에서 멀리 밀려날 때에는 느리게 운동했다. 등속원운동이라는 개념을 버렸던 케플러로서는 이를 대체할 다른 균일성을 찾게 되어 무척이나 기뻤다. 그것이 바로 '동일 면적의 법칙'이다. 태양과 한 행성이 이루는 선은 행성이 타원궤도로 움직일 때 동일 시간에 동일 면적을 휩쓸고 지나간다는 법칙이다. 마찬가지로 자신이 아리스토텔레스의 우주를 해체하는 데 일조했으면서도, 케플러는 코페르니쿠스 천문학 개요서를 써놓고서 제목을 『아리스토텔레스의 '천체에 관하여'의 증보판』이라고 붙였다. 이러한 연속성과 변화, 혁신과 전통의 혼재야말로 근대 초기 자연 철학의 특징이었다.

망원경 그리고 지구의 운동

튀코는 육안으로 천체를 관측한 천문학자 가운데 최고였으며, 그런 천문학의 마지막 세대에 속했다. 케플러가 계산에 몰두하고 있을 때, 갈릴레오 갈릴레이(1564~1642)는 멀리 있는 물체를 가까이 볼 수 있게 해준다는 네덜란드의 발명품 이야기를 들었다. 갈릴레이는 개량된 성능의 발명품을 직접 만들어 그것으로 1609년에 밤하늘을 관측했다. 이 오키알레(occhiale, 훗날 망원경으로 불렸다)를 어디로 향하든 새로운 발견이 쏟아졌다. 달의 표면은 산, 계곡, 바다로 덮여 있었다. 달리 말해, 지구와 마찬가지의 모습이었기에 아리스토텔레스가 말한 제5원소가 아니라 지구의 구성 물질과 동일한 4원소로 이루어져 있었다. 목성 주위를 도는 네 개의 위성을 발견했는데, 이것은 작은 행성계와 비슷했다. 투스카니의 대공인 코시모 데 메디치의 이름을 따서 이 위성들을 메디치가의 별들이라고 명명한 덕분에 갈릴레이는 후원자를 얻어 든든한 지원을 받을 수 있었다. 또한 토성은 세 개의 구들이 합쳐진 것처럼 희한한 형태였다. 금성은 달과 같은 위상 변화를 보였다.

이 마지막 발견은 프톨레마이오스 체계에 반하는 최초의 든든한 증거였다. 프톨레마이오스 체계에 의하면 금성은 태양과 지구 사이에 늘 위치하기 때문에 초승달 모양으로만 보여야 했다. 하지만 초승달 모양과 보름달 모양의 금성이 둘 다 관측되었으니, 금성은 태양과 지구 사이에 있을 때도 있고 태양 뒤에 있을 때도 있음이 증명된 셈이었다. 즉, 금성은 태양 주위를 돌고 있었다. 이후로 천문학자들은 튀코의 체계와 코페르니쿠스의 체계 사이에서 선택을 해야 했다(그림 7). 그리고 튀코 체계와 코페르니쿠스 체계의 유일한 차이점인 지구의 운동 여부가 가장 중요한 문제로 떠올랐다.

갈릴레이는 망원경으로 발견한 내용들을 모아 『별의 전령』을 발간하였고, 이 책을 망원경과 함께 유럽 곳곳의 천문학자 및 통치자에게 보냈다. 많은 이들은 갈릴레이가 설명한 모습을 보는 데 애를 먹었다. 망원경의 확대율이 낮은데다 광학적 특성이 조악했고 다루기도 어려웠기 때문이다. 그런데 로마에 있는 예수회 천문학자들이 갈릴레이의 발견 내용을 직접 관측하고 확인해주었다. 그들은 1611년에 갈릴레이에게 경의를 표하는 축제를 벌이기도 했다. 콜레조 로마노에 재직하고 있던 크리스토프 클라비우스(1538~1612)는 유럽에서 가장 존경받는 수학자 가운데 한 명이자, 교황 그레고리 13세의 명을 받아 1582년에 새로운 그레고리력을 만든 사람이다(이 달

7. 조반니 바티스타 리치올리가 쓴 『새로운 알마게스트 Almagestum Novum』(볼로냐, 1651) (알마게스트는 프톨레마이오스가 지은 천문학 책의 제목)의 상징적인 권두화에는 우주의 세 가지 체계가 비교되어 있다. 정의의 여신 아스트라이아가 코페르니쿠스 체계와 (튀코 체계를 조금 수정한) 리치올리 체계를 저울질하고 있고, 프톨레마이오스는 이제는 내팽개쳐진 자신의 체계를 발치에 두고서 몸을 기대고 있다. 위에는 아기 천사들이 행성들을 들고서 최근의 발견 내용을 보여주고 있다. 수성과 금성의 위상 변화, 달의 거친 표면, 목성의 위성들, 그리고 토성의 '고리' 등이 보인다. 신의 손이 세계에 축복을 내려주고 있는데, 이 손에서 나온 세 손가락에는 '수, 무게, 척도'를 뜻하는 글자가 적혀 있다. 이 세 가지는 창조된 세계의 수학적 질서를 나타낸다.

력은 오늘날까지 쓰이고 있다). 이런 사람까지 나서서, 갈릴레이의 발견이 나온 이상 우주의 구조를 재검토해야 한다고 의견을 피력했다. 비록 클라비우스를 포함해 많은 사람들은 여전히 천동설을 고수했지만, 일부 젊은 예수회 천문학자들은 아마도 지동설로 돌아섰던 듯하다. 하지만 이런 우호적인 분위기도 두 명의 예수회 천문학자와 갈릴레이의 논쟁 앞에서 빛이 바래고 말았다(논쟁에서 갈릴레이는 종종 거친 언사를 내뱉었다). 태양 흑점을 누가 먼저 발견했고 흑점의 속성이 무엇이냐를 놓고 벌인 크리스토프 샤이너와의 논쟁, 그리고 혜성에 관한 오라치오 그라시와의 논쟁이 그것이다. (그라시는 혜성을 천체라고 본 튀코의 관측 결과를 지지했던 데 반해, 갈릴레이는 혜성이 달 아래 세계의 시각적 환영이라고 주장했다.)

과학사를 통틀어, 지어낸 이야기와 오해가 가장 많이 뒤섞인 예로서 '갈릴레이와 교회'의 관계보다 더한 것은 없다. 학문적, 정치적, 개인적 사안들이 한데 뒤엉킨 이 문제는 너무나 복잡해서 아직도 역사가들은 진실을 밝히려고 애쓰고 있다. 이것은 단지 '과학 대 종교'의 문제가 아니었다. 갈릴레이는 교회 조직 안팎에서 지지자와 반대자를 함께 갖고 있었다. 이 문제는 상처받은 자존심, 정치적 음모, 성경 해석의 자격이 있는 자는 누구인가 하는 문제와 밀접한 관련이 있었고, 적절하지 않은 시기에 적절하지 않은 곳에서 일어났으며, 여러 교파들의 이해관계가 엇갈려 있었다. 위태롭던 뇌관이 결국 터진 계기는 1632년에 출간된 갈릴레이의 『두 우주 체계에 관한 대화』였다. 이 책은 프톨레마이오스 체계와 코페르니쿠스 체계를 비교하면서, 지구가 움직인다는 코페르니쿠스 체계가 옳다고 주장했다. 갈릴레이가 내세운 주된 근거는 조수가 발생하려면 지구가 움직여야 한다는 것이었다. 갈릴레이가 지구의 운동은 옳게 본 반면에 조수 발생의 원인을 잘못 짚은 것은 두고두고 오점으로 남았다. 교회로서는 어느 체계가 옳든 직접적인 상관은 없었다. 천동설이나 아리스토텔레스주의 둘 다 기독교 교리는 아니었기 때문이다. 하지만 교회는 성경 해석과 관련해서는 우주의 체계에 이해관계가 있었다. 움직이는 지구라는 개념은 성경 해석에 영향을 미칠 수밖에 없었던 것이다. 아니나 다를까, 갈릴레이는 1610년대 초반에 자신의 사상을 뒷받침하려고 성급하게 이 문제에 손을 대고 말았다. 성경과 관련된 이 부주의한 처신은 당시 개신교도들이 자신들의 성경 해석을 옹호하고자 무턱대고 전통적인 관점을 거부했던 사조와 닮아 있었다. 아무튼 결국 1616년에 갈릴레이는 태양중심 체계 및 지구의 운동이라는 개념을 가설로서만 취급해야 하며 증거가 없는 한 명백한 사실로 여겨서는 안 된다는 경고를 받고 이에 동의했다. 1624년에 갈릴레이는 친구 사이이자 당시 교황 우르바누스 8세로 있던 마페오 바르베리니에게서 『두 우주 체계에 관한 대화』를 써도 좋다는 허락을 받았다. 이때 교황은 책에다 다음과 같은 단서를 붙일 것을 주문했다. (조수와 같은) 자연현상에는 여러 가지 이유가 있을 수 있고 일부 이유는 도저히 알 수 없는 것일 수 있기에, 어떤 한 가지 이유만으로 절대적 확실성을 부여할 수는 없다는 내용을 실으라는 것이었다. 갈릴레이는 이 요청을 따르긴 했지만, 고작 책의 맨 마지막 페이지에다 그런 내용을 적어두는 데 그쳤다. 게다가 이는 책 안에서 줄곧 바보 역할을 하는 등장인물의 입을 빌려 처리했다. 갈릴레이는 또한 1616년에 자신이 동의한 내용을 우르바누스에게 말하는 것도 '소홀히' 했다. (바티칸의 허락과 검열을 거친 다음) 책이 출간되고 이런 사실들이 드러나자, 우르바누스는 기만과 굴욕을 당했다고 느껴 분통을 터뜨렸다. 설상가상으로, 이 사소한 언짢음은 당시 벌어지고 있던 30년전쟁에 관한 외교협상, 커져가는 비판, 교황 폐위 시도, 그리고 교황의 죽음이 임박했다는 소문 등과 맞물려 점점 큰 문제로 비화되었다. 종교재판소는 양형거래를 통해 갈릴레이에게 가벼운 경고를 한 다음 풀어주자고 제안했다. 하지만 화가 단단히 나 있던 교황은 제안을 받아들이지 않았다. 그는 갈릴레이를 본보기로 삼아야 한다고 우겼다. 결국 갈릴레이는 강압에 못 이겨 지구가 돈다고 했던 말을 철회해야 했고, 그의 책도 금서로 지정되었다. 하지만 우르바누스의 조카를 포함해 여러 추기경들은 갈릴레이에 대한 이 선고에 서명하기를 거부했다. 속설과 달리, 갈릴레이는 결코 이단으로 몰리거나 투옥되거나 쇠고랑을 차지 않았다.

갈릴레이는 결국 토스카나 언덕에 있는 자택에서 가택연금에 처해졌다. 거기서 갈릴레이는 계속 연구와 후학 양성, 그리고 가장 중요한 저서로 꼽히게 될 『새로운 두 가지 과학』을 썼다. 갈릴레이가 받은 처벌이 어떤 영향을 미쳤는지는 평가하기 어렵다. 한편으로, 일부 자연철학자들로 하여금 코페르니쿠스 체계가 옳다고 주장하기 어렵게 만들었다. 가령, 갈릴레이가 처벌을 받았다는 소식을 들은 르네 데카르트(1596~1650)는 지동설을 지지하는 내용을 담은 책을 그 무렵 써놓고서도 발간하지 않았다. 예수회 신부처럼 가톨릭 성직에 있던 사람들은 이제 코페르니쿠스 체계를 공식적으로 지지할 수 없었다. 그래서 멋쩍긴 하지만 튀코 체계나 이를 바탕으로 한 변형 체계(그림 7)들을 인정했다. 다른 한편으로, 천문학을 포함한 과학 연구는 가끔씩 민감한 주제들은 피하면서 이탈리아는 물론이고 다른 가톨릭 국가들에서도 계속 이루어졌다.

이전 두 세대 동안 개념적인 측면의 격변기를 겪고 난 후, 17세기 중반은 이론적인 발전보다는 관찰 및 기술 측면에서 발전이 이루어졌다. 프랑스 성직자인 피에르 가상디(1592~1655)가 1631년 처음으로 수성이 태양을 통과하는 모습을 관찰했다. 한 해 전에 세상을 떠난 케플러가 예측한 현상이 실제로 일어난 것이다. 망원경의 성능이 향상된 덕분에 새로운 발견이 잇따랐고 더 나은 관측 자료가 얻어졌다. 하지만 구면수차와 색수차로 인한 상(像)의 왜곡을 피해야 했기에, 망원경은 더 길고 다루기 불편한 형태로 만들어졌다. 때로는 길이가 1.8미터가 넘었다. 그럼에도 불구하고 토성의 기이한 형태가 고리 때문임이 밝혀졌고, 토성의 가장 큰 위성도 크리스티안 하위헌스(1629~95)에 의해 1656년에 발견되었다. 조반니 도메니코 카시니(1625~1712)는 로마의 안경 제작자 주세페 캄파니가 만든 뛰어난 망원경을 이용해 파리에서 관찰한 결과, 토성의 위성을 네 개 더 발견하고서 루이 14세의 이름을 따서 '루이의 별들'이라는 명칭을 붙였다. 예수회 신부 조반니 바티스타 리치올리(1598~1671)는 새로운 별 목록을 제작했으며, 동료인 프란체스코 마리아 그리말디(1618~63)와 함께 상세한 달 지도도 제작했다. 이 지도는 달 지형에 어울리는 명칭들을 붙였는데 오늘날까지 사용되는 이름도 많다. 달의 가장 유명한 분화구 중 하나에 코페르니쿠스라는 이름을 붙인 것이 한 예다. 또한 폴란드의 항구도시 그단스크에서 요하네스 헤벨리우스(1611~87)가 달 지도를 만들었다. 헤벨리우스는 망원경과 육안을 둘 다 이용해 섬세한 관측활동을 한 거의 마지막 인물이었다. 아울러 그는 혜성을 관찰했고 혜성의 운동이 직선인지 아니면 태양 주위를 도는 곡선 궤도를 그리는지를 놓고 전 유럽에서 벌어진 논의에도 참여했다.

행성들이 단단한 구의 도움 없이도 어떻게 일정한 궤도를 그리며 운동할 수 있는가라는 문제는 줄곧 이런저런 추론을 낳았다. 데카르트는 17세기의 주요한 가설 중 하나로서 세계에 관한 종합적인 체계를 제시했다. 데카르트는 온 우주 공간이 눈에 보이지 않는 작은 물질 입자들로 채워져 있다고 상정했다. 이 입자들은 언제나 원형의 흐름 내지 소용돌이 형태로 움직였다. 우리 태양계도 이런 입자들로 이루어진 일종의 거대한 소용돌이며, 행성들은 마치 빙글빙글 도는 물에 지푸라기 조각이 돌듯이 이 소용돌이를 따라 운동했다. 이 소용돌이 모형은 행성들이 전부 똑같은 방향으로 거의 같은 평면에서 운동하는 이유를 깔끔하게 설명해주었다. 지구 또한 작은 소용돌이의 중심에 놓여 있었으며, 이 소용돌이가 달을 궤도상에서 돌게 만들었다. 그리고 이 소용돌이 입자들이 지구 주위를 빙빙 돌면서 '바람'을 일으켜, 물체들을 지구의 중심 쪽으로 떨어지게 만들어 중력 현상이 생겼다. 데카르트의 소용돌이 이론은 천체 운동을 종합적으로 설명했으며, 당시의 대중적인 논의와 교재를 통해 널리 퍼졌다. 하지만 이 이론은 너무 모호해서 천문학자들에게 실용적인 가치가 별로 없었다.

젊은 아이작 뉴턴(1643~1727)이 데카르트의 소용돌이 이론을 받아들였다. 1660년대 초반 케임브리지 대학의 학생이었던 뉴턴은 당시 대다수 대학에서 학부용 표준 교재였던 아리스토텔레스의 책들을 공부했다. 하지만 곧 교과과정 이외에 데카르트와 같은 '근대인들'의 사상을 공부하기 시작했다. 그리하여 뉴턴은 행성 운동과 중력에 관한 데카르트의 원리를 약간 수정한 이론을 받아들였다. 하지만 1680년대부터는 생각이 달라졌다. 데카르트의 소용돌이 이론을 버리고 태양과 행성 사이의 인력이라는 관점에서 생각하기 시작한 것이다. 자신의 생각을 뒷받침할 나름의 근거를 여럿 찾아냈는데, 그중 대표적인 것이 바로 익숙한 자기 현상, 그리고 케플러가 가정한 태양과 행성들 사이의 '자력 비슷한' 힘이었다. 케플러가 보기에, 아니마 모트릭스와 '자기'의 결합이 행성의 타원궤도를 만들어냈다. 뉴턴이 생각하기에, 안정적인 타원궤도를 생성시키는 원인은 관성(행성이 궤도의 접선 방향으로 운동하려는 성향)과 태양으로 향하는 인력(오늘날의 이른바 중력) 사이의 균형이었다. 런던왕립협회의 여러 회원들도 천체의 운동을 설명하기 위해 뉴턴과 비슷한 노선에 따라 연구하고 있었다. 그중 대표적인 인물인 로버트 훅(1635~1703)은 1679년과 이듬해에 걸쳐 자신의 생각을 뉴턴에게 편지로 써서 알렸다. 훅이 자신의 생각을 뉴턴이 출처를 밝히지 않고 빼앗았다며 불만을 제기하자, 민감한 기질의 뉴턴은 자신의 저술에서 훅에 관해 언급한 일체의 내용을 전부 삭제했고 평생 훅을 적대시했다. 1687년에 발간된 『자연철학의 수학적 원리』(일명 『프린키피아』)는 뉴턴의 위대한 역저이다. 여기서 뉴턴은, 케플러가 튀코의 관측 자료를 통해 실증적으로 유도한 행성 운동의 법칙을 순전히 수학적으로 다시 유도해냈으며, 중력이 모든 물체에 서로 작용하는 보편적인 힘임을 밝혔다. 케플러가 이 책을 읽을 수 있었다면 분명 기뻐했을 것이다. 그런 조화로운 수학적 계획에 따라 신이 세계를 창조했다는 더할 나위 없는 증거였기 때문이다. 뉴턴의 만유인력의 법칙은 지상의 물리학과 천상의 물리학의 구별이라는 마지막 잔재를 말끔히 없애버렸다. 동일한 법칙이 행성의 운동과 사과의 낙하를 함께 지배하고 있었던 것이다.

모든 이가 기뻐하지는 않았다. 인력 개념을 부활시킴으로써 뉴턴은 약 70년 동안 인기가 없던 한 사상을 소생시키려는 것 같았다. 보이지 않는 어떤 비물질적인 힘이 메커니즘이나 확인 가능한 원인 없이 모든 물체들 사이에 작용한다는 생각은 데카르트의 물질적인 소용돌이 이론보다 이해하기가 어려울 뿐 아니라 많은 이들이 보기에 아리스토텔레스주의의 '숨은 속성'이나 자연마법의 '공감 속성'으로 되돌아가는 것처럼 보였다. 실제로 17세기 후반 자연철학의 최첨단 연구 동향은, 보이지 않는 입자들의 역학적 작용이라는 개념을 통해 인력과 공감처럼 보이는 현상을 설명하려는 것이었다(5장을 참고하라). 그런데 뉴턴은 다시 과거로 되돌아가려는 듯 보였다.

고트프리트 빌헬름 라이프니츠(1646~1716)는 미적분을 누가 먼저 발명했느냐를 놓고서 뉴턴과 다툼을 벌인 인물이다. 그는 뉴턴의 '숨은 인력적 속성'이 '진정한 철학의 여러 원리들과 어긋날' 뿐 아니라 '무지의 낡은 도피처'로 되돌아가는 발상이라고 비판했다. 뉴턴 옹호자들은 중력은 단지 물질의 근본적인 성질이라고 주장한 데 반해서, 뉴턴 자신은 정말로 중력의 원인을 찾고 싶어했다. 하지만 해답을 찾기 위한 그의 방법을 본다면, 뉴턴은 17세기에 우연히 태어난 '근대과학자'가 아님이 드러난다. 뉴턴은 평소답지 않은 겸손한 태도로 자신이 만유인력의 법칙을 재발견했을 뿐이라고 여겼다. 고대인들이 이미 알고 있던 법칙이라고 여겼던 것이다. 뉴턴은 프리스카 사피엔티아(prisca sapientia)를 믿었기 때문이다. 르네상스 인문주의자들 사이에서 유행하던 이 개념은 '고대의 지혜'가 오래전부터 존재했지만 시간이 흐르면서 타락했다고 여겼다. 뉴턴은 그리스신화, 성경 구절, 그리고 『헤르메티카』를 해석하여, 그 속에 자신의 중력 법칙을 포함한 세계의 숨겨진 구조에 관한 내용이 들어 있음을 밝혀내려고 애썼다. 뉴턴의 생각으로는, 중력이란 신이 이 세계에 직접적으로 그리고 지속적으로 관여해서 생긴 결과였다(그리고 고대인들도 같은 생각이었으리라고 뉴턴은 믿었다). 신의 기하학적 청사진을 밝혀냈다고 여긴 케플러처럼 뉴턴도 자신을 (단지 과학적 지식이 아니라) 고대의 지식을 복구하기 위해 선택된 사람이라고 여겼다. 다른 모든 지식과 마찬가지로 기독교가 세월이 흐르면서 타락했다고 믿었던 뉴턴은, 신학 및 역사 연구에 오랜 시간을 바쳐 '최초의' 신학을 복구하려고 노력했다. 가령, 이 신학에는 그리스도의 신성이 배제되어 있었다. 또한 뉴턴은 고대의 연대기를 열심히 연구했다. 그렇게 한 데에는, 세상의 종말에 관한 성경 속 예언을 해석하기 위해 믿을 만한 날짜를 알아내려는 목적도 있었다. 이런 면에서 오늘날의 과학과는 다른, 자연철학의 광범위하고 포괄적인 관점이 다시 한번 드러난다. 뉴턴이 보기에, '자연철학의 과제는 우주의 완벽한 체계에 관한 지식을 회복하는 일이었고, 이 지식에는 창조주이면서 동시에 이 세계에 늘 관여하는 신에 관한 지식도 당연히 포함되었다'.

제 4 장

지상의 세계

근대 초기 자연철학자들 중에는 하늘을 올려다본 이도 많았지만, 지상의 것들을 새롭게 바라본 이들이 더 많았다. 지상의 세계는 지구와 4원소—흙, 물, 공기, 불—의 영역이자 변화의 영역, 그리고 다가올 것과 지나간 것들이 섞여 있는 끊임없이 변하는 역동적인 세계였다. 무거운 원소(흙과 물)와 무거운 물체는 우주의 가장 낮은 지점, 즉 중심을 향해 자연스레 떨어졌는데, 이 중심이 바로 멈추어 있는 지구였다. 가벼운 원소(공기와 불)는 달의 구를 향해 올라갔는데, 그곳이 바로 4원소가 올라갈 수 있는 한계 지점이었다. 그러므로 각각의 원소는 무거움과 가벼움에 따른 '자연스러운 운동'에 의해 저마다 정해진 '자연스러운 위치'를 찾았다. 이러한 아리스토텔레스 체계는, 어째서 돌과 비는 아래로 떨어지고 연기와 촛불은 위로 향하는지를 설명해주었다. 반대로 천상의 세계일 경우, 무거운 물체는 무겁지도 가볍지도 않은 제5원소로 이루어져 있었기에 위로도 아래로도 움직이지 않고 다만 지구를 주위로 영원한 원운동을 하고 있을 뿐이었다. 근대 초기 사람들은 지구, 원소, 변화와 운동의 과정을 다시 검사하여 사물을 이해하기 위한 폭넓은 체계들을 구성해냈다. 일부 체계들은 아리스토텔레스주의 세계관을 대체하자는 의도를 명시적으로 드러내기도 했지만, 대체로는 그것을 단지 수정하려고만 시도했을 뿐, 거의 대다수는 아리스토텔레스의 영향력을 완전히 벗어나지 못했다. 지상세계를 관찰하고 실험하고 개념적으로 재구성함으로써 근대과학으로 이어지게 된 단일한 세계관은 한꺼번에 등장한 것이 아니라, 17세기 내내 서로 두각을 드러내려고 옥신각신하던 여러 세계관들의 경쟁을 통해 나타났다.

지구

근대 초기 자연철학자들은 우주의 다른 것들과 마찬가지로 지구가 고작 몇천 년 전에 생겨났다고 여겼다. 입수 가능한 가장 오래된 문헌인 성경의 내용에 따라, 인류의 가계가 6000년 전에 시작되었다고 본 것이다. 『창세기』 1장에는 여섯 날에 걸쳐 세상이 창조되었다고 적혀 있는데, 이 날이 하루 24시간을 가리킨다고 문자 그대로 해석한 사람은 당시로서도 일부에 불과했다(5세기에 성 아우구스티누스는 그런 문자 그대로의 해석을 거부했다). 하지만 어느 누구도 인간 이전의 지구의 역사가 엄청나게 먼 과거까지 뻗어 있다고는 믿지 않았다. 가장 긴 추정치라고 해보았자 창조의 시기를 약 1만 년 전으로 잡았다. 이런 입장은 독단의 문제가 아니었다. 당시로서는 달리 생각할 증거가 없었을 뿐이다. 지질학적 역사라는 개념은 니콜라스 스테노라는 라틴어 이름으로 더 잘 알려진 닐스 스텐센(1638~86)의 저서에서 처음 등장했다. 덴마크 출신인 스테노는 먼저 해부학을 연구했는데, 능숙한 해부 실력으로 유명했다. 가령 그가 발견한 중요한 기관이 침샘인데, 침샘은 오늘날에도 그의 이름을 따서 스텐센관이라고도 불린다. 당대의 여러 자연철학자들과 마찬가지로 그도 유럽 곳곳의 학문 중심지를 찾아다니며 다른 자연철학자들과 만나 새로운 지식을 교류했다. 1660년대에는 메디치가의 후원으로 피렌체에 정착하였는데, 이때부터 토스카나 언덕에 있던 암석층(오늘날 용어로 말하자면 지층) 및 그 속에 묻혀 있던 조개껍질에 관심을 가졌다. 그는 이런 층들이 분명 한때는 부드러운 진흙이었다가 침전에 의해 차츰 가라앉았으며 따라서 아래 지층은 위의 지층보다 더 오래되었음이 틀림없다고 결론지었다. 또한 지층이 수평이 아닌 까닭은 딱딱한 암석으로 굳어진 다음에 어떤 격변에 의해 모양이 뒤틀렸기 때문이라고 주장했다. 이런 결론에도 불구하고 스테노는 지구의 나이를 새롭게 추산하지는 않았다. (어쨌거나 진흙은 비교적 빠르게 돌로 굳어질 수 있으니까.) 하지만 이런 증거는 지구 표면이 극적인 변화를 겪었으며 암석에는 이러한 변화의 기록이 보존되어 있음을 말해주고 있었다.

그 세기가 끝나갈 즈음 (특히 영국의) 여러 저자들은 스테노의 연구를 바탕으로 '지구의 역사'를 집대성하여 지구의 현재 상태를 설명하려고 시도했다. 그중 대부분은 전 지구적 재난을 지질 변형의 원인으로 지목했으며, 성경 구절과 기타 역사 자료를 자연철학적 개념 및 관찰 결과와 결부시켰다. 토머스 버넷의 『지구의 신성한 역사』(1680년대)는 성경 속의 대격변 사건에 시기를 맞추어 여섯 개의 지질 시대를 제안했다. 뉴턴의 동료였던 에드먼드 핼리와 윌리엄 휘스턴(1667~1752)의 주장에 따르면, 혜성과의 충돌이 지구 역사를 만든 주요 원인이며, 그것이 지축의 기울어짐과 노아의 홍수와 같은 사건들을 일으켰다고 한다.

지표면의 변화는 예수회 소속 박물학자인 아타나시우스 키르허가 제일 먼저 연구했다. 그는 1638년에 시칠리아에서 머물면서 격렬한 지진과 에트나 화산의 분출을 직접 목격했다.

화산활동은 이전부터 연구 대상이 아닌 터였다. 유럽 대륙의 유일한 활화산인 베수비오산이 1631년에 갑자기 큰 분출을 일으키기 전까지 300년 넘게 활동을 하지 않았던 것이 한 원인이었다. 키르허는 그곳에 가서 시속적으로 분출하는 화산 활동을 관찰했으며 실제로 활동중인 분화구 아래로 내려가 자세히 살펴보기까지 했다. 이런 노력을 통해 화산활동이 산의 예전 형태를 파괴하고 새로운 형태를 만들어내면서 지형을 극적으로 변화시킨다는 사실을 알아냈다. 또한 화산의 열기가 땅 속의 황, 역청, 초석(화약과 비슷한 화합물)이 연소하면서 생긴다고 짐작했다. 산 자체에서 나온다고 보기에는 방출되는 불꽃과 용암의 양이 엄청나게 많다는 점에 착안하여, 화산은 지구 내부 깊은 곳에 있는 거대한 불의 통로임이 분명하다고 추측하기도 했다. 그가 내린 결론에 의하면, 지구는 단지 '대홍수 후에 점토와 진흙이 압착되어 치즈 덩어리처럼 굳은 것'이 아니라 복잡하고 역동적인 내부 구조를 지니고 있었다. 그가 상상한 지구의 내부는 방과 통로가 숭숭 뚫려 있었다(그림 8).

이들 중 어떤 것은 불타는 중심핵—그는 이 핵을 지옥과 동일시하지 않았다—으로부터 화산 분출구까지 불을 운반했다. 어떤 것은 물이 흐르도록 해주었는데, 한 바다에서 다른 바다로 흘러들어가는 물도 그 덕분이었다. 그런 통로를 통

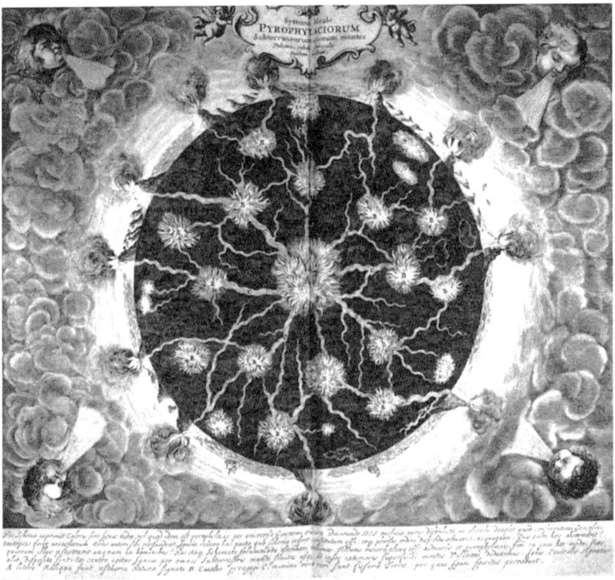

8. 지구의 숨겨진 내부와 화산을 이상적으로 묘사한 상상도. 아타나시우스 키르허의 『지하세계』(암스테르담, 1665)에 실렸다.

해 막대한 양의 물의 흘렀기 때문에 해류와 난류가 생겼다. 여러 출처, 특히 예수회 선교사들이 보내준 자료를 통해 데이터를 수집하여 키르허는 자신의 백과사전적 저서인 『지하세계』(1665)를 집필했다. 이 책에서는 무엇보다도 해류, 화산, 그리고 짐작되는 해저 통로의 위치 등을 보여주는 세계지도가 눈에 띈다.

키르허가 지구의 가장 극적인 사건을 관찰한 것과는 대조적으로, 윌리엄 길버트(1544~1603)는 집안에서 조용한 실험을 실시하여 지구의 보이지 않는 성질 한 가지를 밝혀냈다. 엘리자베스 1세의 주치의였던 길버트는 늘 수수께끼 같은 물체였던 자석을 연구했다. 『자석에 관하여』(1600)라는 책에서 그는 자석의 성질을 조사하고, 자석을 갖고서 실시한 여러 실험들을 설명하고 있으며, 또한 호박을 문지르면 일시적으로 지푸라기를 끌어당기는 현상과 자기적 인력을 구별하고 있다. (이 현상을 지칭하기 위해 그는 전기적electrical이라는 신조어를 만들었다. 호박을 뜻하는 그리스어인 엘렉트론ēlectron에서 나온 말이다.) 일부 실험은 피에르 드 마리쿠르가 1260년대에 실시한 실험에서 영감을 받기도 했지만, 길버트는 새로운 실험 목표를 갖고 있었다. 피에르는 구형 자석, 즉 자철석(자연적으로 자력을 띠는 광물 조각)을 이용하여 자석에는 두 개의 극이 있음을 발견했고 이를 각각 N극과 S극이라고 명명했다. 길버트도

구형 자석을 이용하여, 쇠로 만든 바늘을 자석 위에 올려두면 나침반 바늘이 지구상에서 보이는 것과 똑같이 반응한다는 사실을 알아냈다. 따라서 그는 지구가 일종의 거대한 자석이라고 결론지었다. 자철석과 마찬가지로 지구에도 자극(磁極)이 있어 나침반 바늘을 끌어당긴다. (이전에 사람들은 나침반은 지구의 북극이 아니라 천상의 북극 쪽을 향한다고 여겼다.) 요약하자면, 길버트는 구형 자철석을 일종의 지구 모형으로서 사용했다. 이러한 유비적 추론을 통해 그는 자철석으로 실험해서 얻은 결과를 지구 전체에 대해 적용했다.

길버트의 목표는 자연스러운 위치와 운동이라는 개념을 모조리 뒤엎은 코페르니쿠스의 체계를 뒷받침하는 것이었다. 지구가 아찔한 속력으로 자전하고 아울러 우주의 중심에서 한참 벗어난 채 공전한다는 발상은 물리학에 심각한 여러 문젯거리를 던졌다. 이제 지구가 중심에 있는 것도 아닌데 왜 무거운 물체들은 여전히 지구로 떨어지는가? 무엇이 지구를 회전하게 만드는가? 코페르니쿠스 체계를 지지하는 이들은 이런 혼란에 질서를 부여할 새로운 물리학을 찾아야 했다. 일단 지구가 자극을 갖는다고 주장한 다음, 길버트는 이 극들이 실재하는 물리적 축을 형성한다고 역설했다. 그리고 자연 속의 모든 것에는 목적이 있다는 원리에 따라, 그 축의 목적은 지구를 자전시키는 것이라고 주장했다. 게다가 자철석이 쇠를 저절로 움직이게 하듯이 지구의 자력은 지구에 내재적인 동력을 제공한다고 보았다. 길버트의 표현에 따르면, 지구의 자기적 '영혼'은 나침반을 북쪽으로 향하게 할 뿐 아니라 지구로 하여금 축을 중심으로 자전하게 만든다. 이런 토대 위에서 길버트는 자력이 온 우주에 퍼져 있어 모든 현상을 지배한다는 '자기 철학'을 내놓았다. 비슷한 것끼리 끌어당긴다는 (자연마법의 '공감') 원리를 바탕으로, 자기 철학은 이제는 폐기된 '자연스러운 위치'라는 개념의 대안을 제시했다. 즉, 지구의 물체들은 자연스레 지구에 끌어당겨지며 달의 물체들은 자연스레 달에 끌어당겨진다고 주장했다. 그러므로 지구의 물체들은 지구가 우주에서 차지하는 위치와 무관하게 지구로 떨어지는 것이었다. 길버트의 우주에서는 자력이 지상세계와 천상세계 모두에서 질서를 유지시키고 있었다. 이러한 길버트의 관점은 케플러와 뉴턴을 포함한 많은 이들에게 큰 영향을 미쳤다.

지상의 운동

자기 철학이 물체가 왜 떨어지는지 설명하려고 시도했다면, 갈릴레이는 물체가 **어떻게** 떨어지는지 수학적으로 기술하려고 노력했다. 그는 경사면, 추(진자) 및 다른 장치들을 제작하여 지상의 운동을 연구했다. 그가 가택연금중에 쓴 『새로운 두 가지 과학』(1638)은 1590년대부터 시도한 운동에 관한 연구를 집대성한 결과였다. 아리스토텔레스의 주장과 달리 그는 모든 물체가 무게와 상관없이 똑같은 속력으로 떨어진다는 사실을 알아냈다. 또한 멋진 추론을 통해, 경사면을 내려가는 공은 속력이 빨라지고 경사면을 올라가는 공은 속력이 느려지므로, 위쪽도 아니고 아래쪽도 아니라 평평한 면을 구르는 공은 일정한 속력을 유지할 것이라 주장했다. 지구상에서 '평평한' 면이란 사실 지구의 휘어진 곡면이므로, 지구의 표면을 완벽하게 매끄럽게 닦아놓으면 공은 영원히 지표면을 돌고 돌 것이다. 이러한 '사고실험'을 이용해 갈릴레이는 관성의 원리를 밝혀냈으며 천상의 영원한 원운동을 지구로 가져왔다. 결과적으로 천상세계와 지상세계의 구별을 한층 더 약화시켰다.

방법론적으로 보자면, 갈릴레이가 무시했던 것은 관심을 쏟은 것만큼이나 중요하다. 무슨 말이냐면, 운동을 설명하면서 그는 **무엇이** 움직이는지는 염두에 두지 않았다(공인지 모루인지 암소인지 구별하지 않았다). 간단히 말해, 그는 아리스토텔레스의 물리학이 강조했던 물체의 성질을 무시했다. 갈릴레이는 대신에 **양**, 즉 물체의 수학적이고 추상적인 속성에 관심을 두었다. 모양이나 색깔 그리고 구성 성분 등 물체의 특성을 배제함으로써 갈릴레이는 물체의 행동에 관한 이상화된 수학적 설명을 내놓을 수 있었다. 참나무로 만든 차가운 갈색 공은 주석으로 만든 뜨거운 흰 육면체와 다른 방식으로 떨어지지 않는다. 갈릴레이는 두 물체 모두를 일반적이고 추상적인 실체로 간주함으로써 수학적으로 다룰 수 있었다. 한편 '옥스퍼드의 계산가들'이라고 알려진 연구 집단은 1300년대에 처음으로 수학을 운동에 적용하기 시작했다. 사실 갈릴레이는 『새로운 두 가지 과학』에서 그들이 밝혀낸 한 정리를 갖고서 자신의 운동역학을 설명하기 시작한다. 하지만 갈릴레이는 그들보다 훨씬 앞서나가, 수학적인 추상화 과정을 실험적인 관찰 결과와 결합시켰다. 수없이 많은 실험을 실시하면서 그는 공기 저항과 마찰을 배제했다. 사고실험에서는 이런 '불완전성'이 제거되었기에 이상적이고 수학적인 결과 도출이 가능했다. 플라톤은 세계가 영원한 수학적 패턴에 따라 만들어졌지만 현실에서는 불완전하게 그런 패턴을 따를 뿐이라고 여겼기에, 갈릴레이의 관점에 동의했을지 모른다(비록 아리스토텔레스는 반대했겠지만). '자연의 책'이라는 기독교적 관점과 일맥상통하게 갈릴레이는 다음과 같은 유명한 말을 남겼다. "이 위대한 책, 즉 우주는 …… 수학의 언어로 쓰였으며, 이 언어의 문자는 삼각형, 원 및 다른 기하학 도형들이기에 이 문자들의 도움을 받지 못하면 그 책의 한 단어도 이해할 수가 없다." 물리적 세계를 추상화된 수학적 세계로, 결국에는 공식과 알고리듬으로 환원시키는 기술(갈릴레이가 적극적으로 옹호한 기술)은 새로운 물리학을 낳는 데 핵심적인 역할을 했으며, 과학혁명의 두드러진 특징 중 하나였다.

마찬가지로 중요한 한 가지를 더 말하자면, 갈릴레이는 운동의 **원인**을 신경쓰지 않고서 운동을 수학적으로 **기술하는 데** 만족했다. 갈릴레이가 행한 연구의 이런 특징은, 진정한 지식은 원인에 관한 지식이라고 본 아리스토텔레스의 과학과는 근본적으로 다르다. 갈릴레이의 접근법은 어떤 물체가 **왜** 작동하는지보다는 **어떻게** 작동하는지를 설명하고 이용하는 데 관심이 더 많은 공학자의 방식과 닮았다. 갈릴레이는 공학과 공학자가 대단히 중시되던 북부 이탈리아의 상황에 고무되어 그런 관점을 갖게 된 듯하다. 『새로운 두 가지 과학』은 실용적인 기술의 중요성을 분명히 드러내고 있다. 책 속의 등장인물들은 베네치아의 조선소에 있는 선박 제작 작업장에서 만나 들보, 인장강도, 규모 확대와 규모 축소를 논의하고 있다. 모두 공학자와 건축가에게 매우 중요한 주제들이다. 파두아 대학의 신참 교수로 재직시 갈릴레이는 박봉인 월급을 보충하려고 역학과 축성 기술을 가르치는 개인교사를 겸하였다. 나중에 갈릴레이는 추진체의 운동을 연구하여 추진체가 포물선 궤도를 따름을 밝혀냈다. 오늘날 우리는 이 연구를 역학의 주요 업적으로 여기는 편이다. 그런데 이 연구는 니콜로 타르탈리아(1499~1557)가 이전에 시작했던 연구를 계승한 결과물이었다. 학식 있는 공학자였던 타르탈리아는 1537년에 『새로운 과학』을 썼는데, 여기서 그는 수학을 운동, 특히 대포알의 운동에 적용하고 있다. 대포알의 운동은 당시 심심찮게 전쟁이 벌어지던 이탈리아반도의 나라들에서 절실하게 실용적인 주제였다. 우리는 추상적이고 지적인 측면에서만 바라보느라, 과학 발전이 종종 긴급하고 매우 실제적인 관심에서 이루어졌음을 쉽사리 잊고 만다.

물과 공기

갈릴레이의 후학들은 공학적인 목적에서 물을 연구하여 일련의 중요한 발견을 이루어냈다. 그의 제자였다가 피사 대학의 후임 수학 교수직을 맡은 베네딕트회 사제인 베네데토 카스텔리(1577~1643)는 수력학과 유체역학 연구에 몰두했다. 이 분야는 당시 이탈리아의 실용적인 면에서 중요했다. 운하, 분수, 관개시설, 수로, 하수구 등의 대규모 수도 관련 사업이 많았기 때문이다. 물을 수직으로 멀리 이동시키는 일(깊은 우물이나 광산에서 물을 길어올리기 등)이 많다보니, 사이펀(대기의 압력을 이용하여 액체를 한 용기에서 다른 용기로 옮기는 데 쓰는 관)으로는 10미터 이상의 높이로 물을 끌어올릴 수 없다는 사실이 드러났다. 1640년대 초반에 카스텔리의 로마 대학 동료였던 가스파로 베르티(1600?~43)는 이 문제를 연구하기 위해 실험을 실시했다. 아타나시우스 키르허도 포함된 동료 연구자들과 함께, 그는 길이가 약 11미터이고 양쪽 끝을 막을 수 있는 관을 가져와 아래쪽 끝을 수조에 연결하고 관을 수직으로 세웠다(그림 9의 위). 그리고 아래쪽의 밸브를 닫고 관을 물로 가득 채웠다. 그런 다음 위쪽 끝을 막은 다음 아래쪽 끝을 열었다. 그러자 물이 흘러나가기 시작했는데, 그러다가 관 속에 남은 물 기둥의 높이가 10미터가 되는 지점에서 갑자기 멈추었다. 왜 관 속의 물은 10미터 높이에서 더 오르지도 않고 더 내려가지도 않고 딱 멈추었을까?

카스텔리의 제자인 에반젤리스타 토리첼리(1608~47)—후일 메디치가의 페르디난도 2세의 궁전에서 갈릴레이가 맡았던 수학 및 철학 교사직을 물려받게 되는 인물—가 베르티의 관과 비슷하면서도 다루기 쉬운 간단한 도구를 고안했다. 그는 90센티미터쯤 되는 유리관을 가져와 한쪽 끝을 밀봉한 다음 그 속을 수은으로 채웠다. 수은이 든 용기에다 열린 쪽 끝단을 아래로 향하게 하여 유리관을 세우자(그림 9의 아래), 관 속의 수은이 빠져나가다가 수은 기둥의 높이가 약 76센티미터인 지점에서 멈추었다. 베르티의 관에서 물 기둥이 멈춘 높이의 약 14분의 1 지점이었다. 놀랍게도 수은의 밀도는 물의

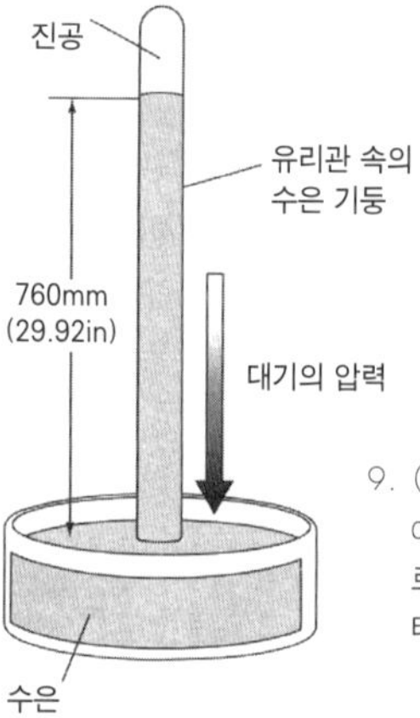

9. (위쪽) 가스파 쇼트의 『흥미로운 기술 Technica Curiosa』(뉘른베르크, 1664)에 묘사된 가스파로 베르티의 물 기압계. (아래쪽) 에반젤리스타 토리첼리의 수은 기압계 개요도.

밀도의 약 14배였다. 따라서 관 속에 남는 유체의 높이는 해당 유체의 밀도와 정비례한다는 의미였다. 물에 관한 예전의 연구에서 밝혀진 유체의 평형에 관한 개념을 바탕으로 토리첼리는 이 결과를 다음과 같이 설명했다. 즉, 관 속에 남은 유체의 무게가 그 지점에서 수조의 유체를 누르는 외부 공기의 무게와 균형을 이룬다. 공기가 무게를 갖는다는 발상은 공기에는 무게가 없다고 본 아리스토텔레스의 체계와 어긋났다. 토리첼리에 따르면, 우리는 '공기라는 원소의 거대한 바다 밑바닥에 가라앉아 살고 있'고, 뿐만 아니라 그가 만든 도구는 공기의 무게를 측정하고 그 변화를 살필 수 있었다. 이리하여 그 도구는 기압계라는 새로운 명칭을 얻게 되었다. 말 그대로 '압력(공기의 무게)을 재는 도구'다.

17세기의 가장 유명한 실험 가운데 하나는 토리첼리의 관이 제기한 아이디어를 탐구하기 위해 설계되었다. 관 속의 유체를 일정한 높이로 유지시키는 것이 대기의 무게임을 증명하기 위한 멋진 실험을 제안한 사람은 수학자 겸 신학자였던 블레즈 파스칼(1623~62)이었다. 이 실험은 파스칼의 매형인 플로랭 페리에가 1647년에 실시했다. 페리에는 파스칼이 알려준 대로, 중부 프랑스에 있는 자택 근처의 퓌드돔 산 기슭의 한 수도원 정원에 '여러 개의 토리첼리 관'을 준비했다. 그런 다음에 관 하나를 산 위로 900미터 이상의 높이까지 가져갔

더니, 관 속의 수은의 높이가 7.6센티미터 낮아졌다. 산 아래로 내려오자 수은 기둥은 다시 원래 높이로 올라갔다. 높은 곳에 올라가면 더 적은 '공기의 바다'가 위에서 수은을 내리누르기 때문에 수은을 누르는 공기의 부게가 줄어든다. 따라서 관 속에 수은이 더 적게 있어도 공기의 압력과 균형을 맞추는 것이다.

많은 구경꾼들 앞에서 굉장한 실험 하나가 실시되었다. 유명한 '마그데부르크 구' 실험인데, 이 구의 제작자는 오토 폰 게리케(1602~86)였다. 폰 게리케는 자연철학자이자 마그데부르크의 시장이었고 쇼맨이었고 경이로운 장치들의 제작자였다. 폰 게리케는 서로 테두리가 딱 들어맞는 구리 반구 두 개를 만들었다. 이 둘을 붙이면 하나의 구가 되었는데, 한쪽 반구에 설치된 밸브를 열어 (그리고 양수기를 바탕으로 그가 직접 만든 장치를 이용하여) 구의 공기를 빼냈다. 그런 다음 밸브를 닫고서 한 무리의 말로 구를 양쪽에서 잡아당기자 구는 분리되지 않았다. 공기의 무게가 두 반구를 단단히 붙잡고 있었기 때문이다(그림 10). 밸브를 열어 공기를 주입했더니, 폰 게리케가 손으로 살짝 비틀었는데도 두 반구는 쉽게 분리되었다.

하지만 관 속의 수은 위 공간이나 게리케의 구 안에 든 것은 무엇이었을까? 많은 실험가들은 그것이 말 그대로 비어 있는 것, 즉 진공이라고 믿었다. 17세기에 진공은 매우 논쟁적

10. 오토 폰 게리케의 화려한 시연 광경. 공기를 빼내 맞붙어 있는 반구 두 개는 한 무리의 말로도 떼어놓을 수 없었다. 기압의 힘이 얼마나 큰지를 보여주는 증거다. 가스파 쇼트의 『흥미로운 기술』에 실렸다.

인 주제였다. 아리스토텔레스주의자를 포함해 일부 사람들은 진공이 불가능하다고 주장했다. 이런 관점은 '자연은 진공을 싫어한다'라는 그들의 캐치프레이즈에 잘 나타나 있다. 그들이 보기에 세계는 물질로 가득차 있었다(이처럼 물질로 가득 찬 공간을 플레넘plenum이라고 불렀으며, 이렇게 믿는 사람들을 플레니스트plenist라고 불렀다). 그리고 일부 자연현상들은 이런 관점을 뒷받침해주는 듯했다. 그들은 유리관 속의 빈 공간에는 공기 내지 수은에서 빠져나온 어떤 미세한 공기 같은 물질이 들어 있다고 주장했다. 이 문제를 해결하려고 많은 실험이 실시되었지만, '진공주의자'와 '플레니스트' 사이의 논쟁은 완전히 종식되지 않았다. 소리는 진공 속을 통해 전달되지 않았다. 소리를 실어나르는 데 필요한 공기가 없었기 때문이다. 하지만 빛은 진공을 통과했다. 소리와 달리 빛은 어떤 매체 없이도 전달될 수 있는 것일까? 오늘날 과학사에서 '기념비적' 실험이라고 여겨지는 실험이라도 당대에는 그다지 설득력을 얻지 못한 경우도 있다. 실험, 특히 실험 결과의 해석은 까다롭고 논쟁적인 일인데, 이전에도 언제나 그랬고 앞으로도 언제나 그럴 것이다.

곧 로버트 보일도 공기를 연구하는 사람들의 모임에 합류했다. 영국의 가장 부유한 집안의 막내아들이었던 보일은 실험에 바칠 시간과 재력을 둘 다 갖추고 있었다. 그는 성인이

된 후로는 대체로 런던의 팰멜에 있는 누이의 집에서 지내면서 실험에 몰두했다. 그와 여러 동료들은 공기를 압축시킬 수 있다고 주장했다. 구체적으로 말하자면, 기체의 압력이 클수록 부피는 더 작아짐을 밝혀냈다. 나중에 이 관계는 '보일의 법칙'으로 불리게 되었으며 지금도 화학과 학생들이 배우는 내용이다. 1658년에는 게리케의 공기 펌프에 관한 소식을 듣고서, 보일은 재간이 많은 로버트 훅과 함께 큰 유리 구를 진공으로 만들 수 있는 공기 펌프를 만들었다. 덕분에 그 안에 다양한 물체를 넣고서 공기를 뺐을 때 벌어지는 현상을 관찰할 수 있었다(그림 11).

보일은 공기 펌프 안에 기압계(그는 아마도 이 명칭을 토리첼리 관을 가리키는 용어로 새로 만들었을 것이다)를 넣어두고서, 공기가 빠져나가면서 수은 기둥의 높이가 어떻게 변하는지 관찰했다. 또한 공기 펌프를 이용해 여러 가지 아찔한 실험들을 실시했다. 가령, 공기 펌프 안에서 화약을 점화시키고, 권총을 발사하고, 시곗바늘이 움직일 때 나는 소리를 들었다. 심지어 다양한 동물들—고양이, 쥐, 새, 개구리, 벌, 송충이를 비롯한 온갖 동물들—이 공기 없이 얼마나 오래 살아남는지도 실험했다. 또한 타고 있는 양초를 공기 펌프 안에 넣어 실험을 하고서 연소 현상은 공기의 양에 의존함을 밝혀냈다.

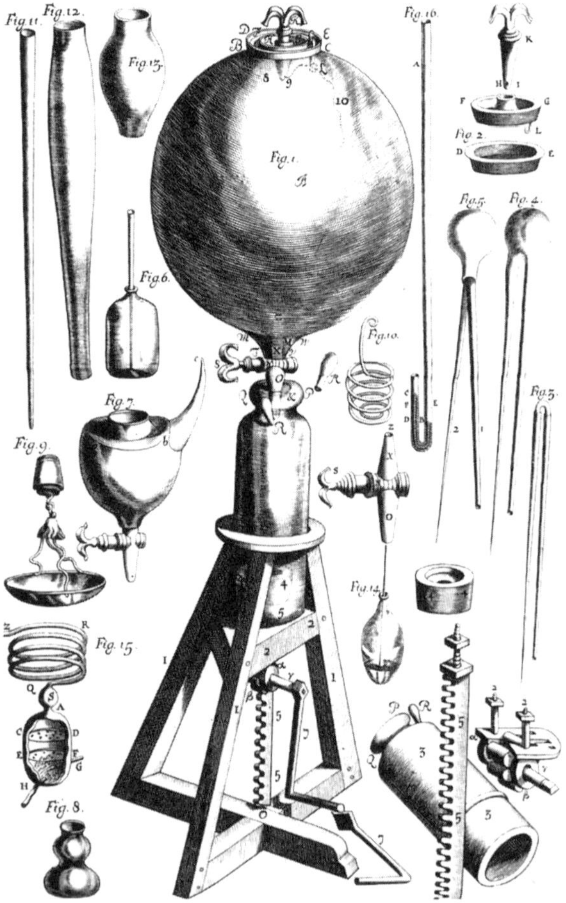

11. 로버트 보일과 로버트 훅의 공기 펌프. 로버트 보일의 『새로운 물리역학적 실험들: 공기의 탄성과 효과에 관하여』(옥스퍼드, 1660)에 실렸다.

불: 화학자chymist의 도구

근대 초기가 도래하기 훨씬 이전부터, 원소로서 불의 지위는 논쟁거리였다. 그런 논란의 와중에 한 무리는 물질의 속성과 변환 메커니즘을 연구하고 이용하기 위해 불을 으뜸가는 도구로 삼았다. 이들이 바로 연금술사였다. 과학혁명은 연금술의 황금시대였다. '연금술'은 금을 만든다든가 다소간 '마법적인' 어떤 것을 연구하기에, 화학과는 동떨어진 협소한(따라서 쓸모없는) 탐구로 오늘날 인식되고 있다. 하지만 근대 초기에 '연금술(alchemy)'과 '화학(chemistry)'은 동일한 유형의 탐구 분야를 가리켰다. 오늘날 일부 역사가들은 서로 구별되지 않았던 이 두 분야를 모두 아우르는 용어로 키미스트리(chymistry)라는 옛날 말을 사용하기도 한다. 금 만들기, 즉 크리소포에이아(chrysopoeia)는 키미스트리의 핵심 부분이었지만 (현대적인 의미에서) 전혀 '마법적'이지 않았다. 오늘날과는 다른 이론에 바탕을 둔 연구였을 뿐이다. '연금술사'의 일상적 활동을 기록한 공책이 지금까지 남아 있는 덕분에, 실험, 결과 해석, 관찰 및 이론 구성의 세세한 방법론이 알려져 있다. 금에 대한 연구와 더불어 키미스트리에는 물질에 관한 폭넓은 연구, 그리고 약품, 염료, 색소, 유리, 소금, 향수, 기름 등의 여러 교역 물품의 제조에 관한 내용도 포함되었다. 물질 제조와 자연철학적 사유의 결합은 그리스화된 4세기의 이집트에서 기원하여 오늘날의 화학에까지 이어지는 이 분야의 핵심적인 특징이다.

납을 금으로 바꾸는 방법을 찾는 일은 단지 희망사항이 아니었다. 금속이 '수은'과 '황'이라는 두 성분의 조합으로 지하에서 생산된 화합물이라는 이론에 엄연히 바탕을 두고 있었다. 이 이론에 따르면 두 성분이 올바른 비율과 순도로 결합하면 금이 된다. 만약 황이 부족하면 은이 된다. (건조한 가연성의 물질인) 황이 너무 많으면 철이나 구리가 된다. 이들 금속에 황이 많이 포함되어 있음은 불이 붙기 쉬운 성질, 높은 경도, 그리고 녹기 어려운 성질을 통해 확인할 수 있다. (유체 물질인) 수은이 너무 많으면 부드럽고 쉽게 녹는 금속인 주석이나 납이 된다. 그러므로 이론적으로만 보자면, 이러한 변성(變成)은 금에서 나타나는 비율에 맞게끔 이 두 성분을 조절하기만 하면 가능했다. 은 광석에 금이 일부 포함되어 있고 납 광석에 은이 일부 포함되어 있음이 관찰되었는데, 이 사실을 통해 조악한 금속이 순수해지거나 더욱 안정되고 더 향상된 금속으로 '성장'함에 따라 변성이 지하에서 자연스레 일어난다고 짐작할 수 있었다. 관건은, 이런 변화를 인공적으로 빠르게 일어나도록 하는 것이었다. 따라서 금을 만들려면 이른바 철학자의 돌을 준비해야 했다. 철학자의 돌은 변성이 일어나도록 돕는 물질이었다. 실험실에서 적은 양의 철학자의 돌을 준

비해놓고, 여기에다 녹은 비(卑)금속을 혼합하면 몇 분 이내에 금으로 변한다고 알려져 있었다. 여러 문헌에 이 과정이 성공했다는 내용이 적혀 있었기에, 변성을 연구하는 연금술사들은 그것을 반복 재현하려고 애썼다. 하지만 그런 내용이 의도적으로 비밀스럽게 적혀 있던 것이 문제였다. 구성 성분, 과정, 심지어 이론조차도 희한하기 그지없는 암호, 거짓 명칭, 은유, 상징적인 이미지 등으로 표현되어 있었다(그림 12).

연금술이 비밀스러웠던 이유 중 하나는 장인들이 비밀 엄수를 통해 재산권을 지켜야 했기 때문이다. 화폐가치를 떨어뜨릴 우려 때문에 변성을 금지한 중세의 법도 비밀주의를 권장했다. 하지만 저자들 또한 비밀주의를 옹호하면서, 자신들의 지식은 나쁜 자들의 손에 들어가면 위험하다거나, 귀중한 지식이 무가치한 자들에게 누설되지 않아야 한다는 등 이유를 댔다.

원래 '제약사'를 뜻했던 '케미스트(chemist)'라는 호칭이 영국에서 계속 사용된 것은 근대 초기에서부터 비롯되었다. 당시 대다수의 키미스트들은 적어도 일정 부분 약을 만드는 활동에 관여했기 때문이다. 키미스트리를 약품 제조에 응용한 것은 프로방스 지역의 프란체스코회 수사인 장 드 로크타야드(1310~62?)였다. 그는 포도주를 증류해서 얻은 알코올을 이용해 약품 추출물 만드는 방법을 주창했다. 키미스트리를 이

12. 금과 은을 정련하는 과정을 묘사한 연금술 우화. 이 과정의 첫 단계는 철학자의 돌을 만드는 것이다. 왕은 금을 상징하고, (금속을 제련하는 용기인) 도가니를 뛰어넘는 늑대는 휘안석을 상징한다. 휘안석은 흔히 금과 합금을 만드는 은 및 구리와 반응하거나 이들 금속을 제거하는 데 쓰이는 광물이다. 왕비는 은을 상징하고, 늙은이는 납을 상징하는데, 납을 이용해 은을 정련하는 회취법 과정을 실시하고 있다. 『연금술 박물관 Musaeum Hermeticum』(프랑크푸르트, 1678)에 실렸다.

용해 약성 물질을 만들기는 그 다음 세기 내내 확산되었고, 마침내 파라셀수스라고 알려진 테오프라스투스 폰 호헨하임(1493~1541)이라는 전설적인 인물의 적극적인 지지를 받았다. 파라셀수스는 그리스, 로마, 아랍 저자들의 문헌에 바탕을 둔 전통적인 의학을 비판하고, 직접적인 관찰에서부터 독일 민간의 속설까지 두루 연구하여 자신의 고유한 의학 체계를 마련했다. 그는 키미스트리가 거의 모든 물질을 효험 있는 약품으로 변환시킬 수단이라고 역설했지만, 크리소포에이아에는 거의 관심을 두지 않았다. 그가 내세운 기본 원리는 해로운 속성은 물질의 완전성을 해치는 불순물로 인해 생긴다는 것이었다. 신이 만든 세상은 본질적으로 선하지만 죄와 죽음이 이 세계를 오염시킨다는 발상과 흡사했다. 증류, 발효 및 기타 시험 과정을 이용해 키미스트리는 좋은 것과 나쁜 것, 약과 독을 분리하는 방법을 마련해주었다. 또한 파라셀수스는 모든 물질은 세 가지 주요 구성 성분—수은, 황, 소금—으로 이루어졌다고 가르쳤다. 이 세 가지 성분은 신성한 삼위일체와 인간의 세 가지 본질—몸, 영혼, 정신—을 반영하는 지상의 삼위일체라는 뜻에서 **트리아 프리마**(tria prima)라고 불렸다. 그가 스파기라(spagyra)라고 명명한 과정은, 한 물질을 트리아 프리마로 분해하여 각각을 정련한 다음 그것들을 재결합하여 의학적 효험이 더 크고 독성이 없는 '향상된' 형태를 만들기 위한 시도였다.

하지만 파라셀수스는 거기서 더 나아갔다. 키미스트리는 단지 약을 만들기 위한 수단만이 아니라 우주를 이해하기 위한 열쇠였다. 16세기 후반 파라셀수스의 후학들은 난해한 스승의 저술(술에 취한 상태에서 받아 적게 했다는 소문이 있다)을 체계적으로 정리하여, 세상만사를 키미스트리의 관점에서 바라본 세계관을 마련했다. 바다, 하늘, 땅을 통한 비의 순환은 거대한 정류 과정이었다. 지하 광물의 형성, 식물의 성장, 생명체의 탄생, 게다가 소화, 영양, 호흡, 배설 등의 신체 기능도 본질적으로 키미스트리의 관점에서 바라보았다. 신은 플라톤주의자들의 표현대로 기하학자가 아니라 키미스트리에 통달한 존재였다. 원시적인 혼돈에서 질서정연한 세계를 만든 신의 창조 작업은 추출하기, 정련하기, 그리고 흔한 물질을 특이한 물질로 변환하기와 같은 키미스트의 작업과 비슷했고, 신이 불로 내리게 될 최후의 심판은 키미스트가 불을 이용해 귀중한 금속에서 불순물을 제거하는 일과 비슷했다. 이런 세계관은 인간의 궁극적인 운명도 키미스트리의 관점에서 바라보았다. 죽고 나면 인간의 영혼과 정신은 몸에서 분리된다. 물질인 몸은 무덤 속에서 부패하다가 부활의 날이 오면 새로워지고 변형될 것이다. 이리하여 순수해진 영혼과 정신을 신과 키미스트가 다시 몸에 주입함으로써 고결하고 영원한 인간으로 거듭날 것이다. 이는 마치 스파기라에서, 트리아 프리마가 한 물질에서 분리된 다음 정련되어 다시 '고결한' 물질로 재합성되는 과정과 비슷하다.

파라셀수스주의는 추종자를 많이 끌어들였다. 1572년에 처음 초신성을 보았을 때 튀코도 마침 파라셀수스주의에 따른 요법을 준비하다가 막 실험실에서 나오던 참이었다. 그는 자신의 천문대 안에 실험실을 차렸는데, 이른바 '지상의 천문학', 즉 키미스트리를 연구하기 위해서였다('위와 같이 아래도'). 고전적인 학문, 대학, 면허 의사 제도에 종종 과격하게 반대했던 파라셀수스의 반체제적인 학문 방식 때문에 그의 사상은 열띤 논쟁을 촉발시켰고, 아울러 기존 학계 바깥에서 추종자들을 많이 불러모았다. 사실상, 대체로 키미스트리는 전통적인 학문의 전당 바깥에서 불안정한 지위로 힘겹게 명맥을 유지했다. 물리학과 천문학이 중세 시대부터 줄곧 대학의 필수 과목을 차지했던 반면에 키미스트리는 18세기 이전까지는 학계에 공식적인 발판을 마련하지 못했다. 그중 한 이유로, 고전적인 근거를 내세울 수가 없었음을 들 수 있다. 아리스토텔레스는 물론 다른 어떤 고대의 권위자들도 천문학, 물리학, 의학, 생물학과는 달리 이 분야에 관한 연구 내용은 전혀 남겨놓지 않았기 때문이다. 게다가 상업 및 제품 생산과도 밀접한 관련성이 있는데다 (종종 어수선하고 힘들고 냄새나는) 실용적인 측면의 학문이다보니 더더욱 고상한 주제로 여겨지기가 어려웠다. 하지만 키미스트리는 실험을 강조했기에 온갖 물질들을 모아 그 속성을 알아내고 또한 그것을 다루는 설비까지 갖출 수 있었다. 이러한 지식이 17세기 내내 상업적으로 점점 더 중요해졌기 때문에 많은 키미스트들은 사업에도 가담했다. 어떤 이들은 든든한 후원자를 등에 업고 광산업에 뛰어들어 채취율을 향상시키거나 변성을 연구했고, 또 어떤 이들은 독립적으로 일하면서 새로운 상품을 시장에 내놓았다. 안타깝게도 키미스트리에는 사기꾼들이 꼬여들었다. 키미스트리를 이용해 보석과 금속을 그럴듯하게 모방할 수 있었던데다 금을 만드는 분야로 여겨졌기 때문이다. 그래서 키미스트리는 온갖 부도덕한 사업과 연루되고 말았다. 이미 중세 시대에 단테는 키미스트들—'자연의 원숭이들'—을 사기꾼 및 위조범과 더불어 지옥의 여덟 번째 구역에 속하는 존재들로 치부했다. 그리고 나중에 17세기 극작가 벤 존슨은 『연금술사』라는 희곡에서 가짜 키미스트와 탐욕스러운 고객들을 등장시켜 우스꽝스러운 상황을 그려냈다.

17세기에 키미스트리 교육은 주로 의학적 맥락에서 진행되었다. 독일의 경우, 요하네스 하르트만(1568~1631)은 1609년에 최초로 케미아트리아(chemiatria, 키미스트리적인 의학) 교수가 되었다. 그가 교수직을 맡은 마르부르크 대학은 헤센카셀의 모리츠 왕자가 새로 설립한 (따라서 진보적인) 칼뱅주의 교육기관이었다. 모리츠는 크리소포에이아주의자, 파라셀수스주의자 및 기타 키미스트들을 후원했다. 프랑스의 경우, 정기적인 키미스트리 수업이 파리의 자르댕 뒤 루아에서 시작되었다. 그곳은 약초를 연구하고 보급하기 위해 세워진 식물원이었다. 자르뎅의 강사들은 대중에게 공개적으로 시연한 실험을 바탕으로 학생들에게 '노하우' 위주의 강의를 했다. 종종 제약사를 겸했던 개인 강사들도 키미스트리 강좌를 열었는데, 대표적인 인물이 바로 파리의 자택에서 수업을 했던 니콜라 레메리였다. 그가 쓴 교재인 『키미 강좌Cours de Chymie』는 베스트셀러가 되었다. 사실상, 프랑스와 독일에서 출간된 수십 권의 키미스트리 교재들 덕분에 대학 교과목에 빠져 있던 키미스트리라는 분야의 위상이 그나마 높아질 수 있었다.

키미스트리가 실용적 측면을 선호했다고 해서 자연철학적 이론에 중요한 기여를 하지 않았다는 것은 아니다. 사실은 정반대다. 17세기의 가장 중요한 업적 중 하나인 원자론의 재등장은 키미스트리적인 개념과 관찰을 바탕으로 이루어졌다. 이미 13세기 후반에 게베르라고 알려진 라틴 연금술사는 물질에 관한 준입자 이론을 이용해 화학적 성질들을 설명했다. 가령, 금이 밀도가 높고 녹슬지 않는 까닭은 그 속의 '미세한 부분들'이 촘촘하게 밀집해 있어 사이에 빈 공간이 없기 때문이라는 이론을 내놓았다. 철은 성기게 결합되어 있기에 입자들 사이에 공간이 생겨 무게가 더 가벼운 금속들이 끼어들 수 있었다. 따라서 부식성 물질이나 불길이 스며들어 금속이 부스러지거나 녹이 슬게 되는 것이었다. 후대의 키미스트들은 인정적이고 미세한 입자들이라는 개념을 더욱 발전시켰고 이 개념을 이용해 관찰 결과를 설명했다. 당시 주류 아리스토텔레스주의자들은 그런 개념을 거부했다. 왜냐하면 물질들은 서로 결합하면 동일성을 잃는다고 보았기 때문이다. 하지만 현직 키미스트들은 일련의 변화를 거쳐 마지막에 종종 원래 물질들을 복구할 수 있다는 사실을 알고 있었다. 가령 은은 산을 가하면 여과지를 자유롭게 통과하는 투명한 균일성 액체로 변해 '사라졌다'. 여기에다 소금을 가하면 그 액체는 무거운 흰 가루를 침전시켰고, 이 침전물을 숯과 혼합해 뜨겁게 가열하면 다시 원래 무게 그대로 은이 생겼다. 이 유명한 실험은 은이 자신의 동일성을 줄곧 유지한다는 사실을 말해주고 있었다. 비록 은의 모습은 사라지고 종이의 구멍을 통과할 정도로 눈에 보이지 않는 작은 입자로 분해되었더라도 말이다. 키미스트리는 그런 '원자'를 확실하게 증명해냈던 것이다.

원자론과 기계론

물질에 관한 입자 개념을 지지했던 키미스트리의 전통은 고대 원자론의 부활로 이어졌다. 고대 그리스 원자론은 기원전 5세기에 레우키포스와 데모크리토스로부터 비롯되었다. 이들은 빈 공간 속에서 움직이는 보이지 않는 원자들로 물질세계가 이루어졌다고 여겼으며, 이 원자들이 끊임없이 다양한 방식으로 결합하고 분리하면서 삼라만상의 변화가 생긴다고 보았다. 이 개념은 고대에 대체로 사장되고 말았다. 아리스토텔레스는 이 개념을 세세하게 반박했다. 그리고 에피쿠로스(기원전 341~기원전 270)가 원자론을 바탕으로 자신의 도덕철학을 세우긴 했지만, 에피쿠로스주의가 무신론과 쾌락주의로 기우는 경향 때문에 배척되면서 원자론도 덩달아 뒤안길로 사라지고 말았다. 다시 부활하게 된 것은 루크레티우스의 서사시 『사물의 본성에 관하여』가 1417년에 재발견되면서부터였다. 이것은 로마 시대에 에피쿠로스 사상을 유행하게 만든 작품이었다. 하지만 루크레티우스는 원자론과 무신론의 관련성을 강조했기에 이 책은 처음에는 그리 탐탁지 않게 여겨졌다. 역설적이게도 에피쿠로스의 원자론이 다시 살아난 계기는 사제였던 피에르 가상디 덕분이었다. 가상디는 원자가 영원하다(오직 신만이 영원하다)든가 원자가 저절로 움직인다(신이 원자를 움직이게 만든다)는 관점을 거부했고, 대신에 인간 영혼의 비물질성과 불멸성을 옹호했다. 그러면서도 보이지 않는 입자들 및 이 입자들의 운동을 근본적인 설명 원리로 삼는 종합적인 세계관을 마련했다. 그의 세계관 및 이와 비슷한 세계관들을 가리켜 '기계론적 철학'이라고 한다.

기계론적 철학에 따르면, 만물의 속성과 자연현상은 눈에 보이지 않는 작은 물질 조각들의 크기, 형태, 운동의 결과이다. 이 조각을 가리켜 원자, 미소 입자, 또는 간단히 그냥 입자라고 불렀다. 엄격한 기계론적 철학자들의 주장에 따르면, 만물을 만드는 '재료'는 오직 한 가지뿐이며, 이 단일 재료의 미세한 입자들의 크기와 형태 및 운동이 달라짐으로써 우리가 인식하는 다양한 물질과 속성이 생겨났다. 성질보다는 양을 중요시했던 사람답게, 갈릴레이는 뜨거움과 차가움, 색깔, 향기, 맛 등의 성질은 대부분 실제로는 존재하지 않는다고 주장했다. 다만 미세한 입자들이 어떻게 우리의 감각기관에 영향을 미치는가에 따라 그런 성질이 존재하는 듯 느껴질 뿐이라고 여겼다. 갈릴레이를 포함해 후기의 기계론적 철학자들이 보기에 유일하게 실재하는 성질—**으뜸가는** 성질—은 입자들의 크기, 형태, 그리고 운동성뿐이었다. 다른 모든 성질들은 **부차적**이었으며, '감각하는 주체'에게만 존재할 뿐 '감각되는 객체'에 존재하는 것이 아니었다. 기계론자들이 보기에, 식초가 신맛이 나는 까닭은 그 속의 날카롭고 뾰족한 입자들이 혀를 찌르기 때문이다. 혀를 떠나서는 '신맛'은 아무 의미가 없다. 장미가 붉은 까닭은 다만 장미의 입자들이 빛을 반사시키는 방식 및 우리의 눈이 반사된 빛에 작용하는 방식 때문이다. 장미에서 좋은 향기가 나는 까닭은 꽃이 내뿜는 입자들이 공기로 퍼져나가 우리의 콧속으로 들어와 후각기관을 자극하고, 이 운동이 뇌로 전달되어 냄새를 느낄 수 있도록 해주기 때문이다. 이런 관점은 아리스토텔레스의 세계관과 근본적으로 상반된다. 아리스토텔레스의 세계관에서는 어떤 성질이 대상에 실제로 존재한다고 보았기에 그 대상의 본성과 효과를 설명하는 데 치중했다.

이런 체계는 두 가지 의미에서 기계론적이었다. 첫째, 결과는 기계적 접촉에 의해서만 발생했다. 망치가 돌을 두드리고 당구공이 서로 부딪치는 것처럼 말이다. 원거리 작용이라든지 공감의 힘이 개입할 여지가 전혀 없었다. 둘째, 이 세계 및 그 속의 대상들—광범위한 영향력을 미쳤던 데카르트의 기계론적 철학에서는 동물과 식물까지도—은 개념적인 면에서 볼 때 **기계**로 다루어졌다. 기계론적 철학자들은 세계를 복잡한 시계 장치에 비유했다. 톱니바퀴, 추, 도르래, 지렛대 등으로 만들어진 당대의 거대한 시계 장치에서 완벽한 질서와 규칙성으로 인해 시계 침이 재깍재깍 움직이고 때맞춰 소리가 나며 작은 인형들이 춤추거나 인사하고 장난감 수탉이 울듯이, 이 세계도 시계 장치처럼 작동한다고 여겼던 것이다. '세계의 기계'(마키나 문디machina mundi)라는 용어는 루크레티우스로부터 비롯되었으며, 우주의 복잡한 규칙성을 표현하는 말로 중세 시대에 사용되었다. 하지만 당시 저자들한테 기계라는 말은 체계나 구조처럼 좀더 넓은 의미를 띠었으며 피조물의 다양한 부분들의 상호의존성을 나타냈다. 하지만 기계론적 철학자들은 기계에다 자동화의 이미지를 부여했다. 즉, 인공적이긴 하지만 생명체의 작용을 기계적으로 모방한 것이라는 인상을 주었던 것이다. 기계론적 관점들은 당시의 기술 발전을 반영했으며, 생물적 모형으로부터 무생물의 기계 모형으로 바뀌어가는 세계관의 변화를 고스란히 드러냈다. 이런 관점으로 인해 심지어 신에 대한 개념도 새로 마련되었다. 기하학자나 키미스트나 건축가라기보다, 신은 점점 더 기계 제작자로 여겨지게 되었다. 이 세계라는 기계를 설계하고 조립하는 기술자로 인식되었던 것이다. 특히 17세기 영국에서 형성된 이러한 이미지는 현대의 '지적설계' 논쟁의 궁극적인 바탕이 되었다. 근대 초기에는 신학과 자연철학은 서로 긴밀히 연결되어 있었기에, 과학적 개념과 종교적 개념은 나란히 성장하고 발전했고 서로 영향을 주고받았다.

기계론적 철학자들이 자신들의 원리를 모든 자연현상에 적용시킬 때, 한 가지 특별한 과제는 '숨은 속성'—앞서 살펴보았듯이 아리스토텔레스주의자들을 곤혹스럽게 만들었고 자연마법의 바탕을 이루었던 공감, 즉 원거리 작용—을 설명하는 일이었다. 기계론자들이 선호하던 해법은 보이지 않는 물질의 방출에 기대는 것이었다. 즉, 입자들의 '증기'가 한 물체에서 다른 물체로 작용을 전달한다고 보았다. 가령, 불이 멀리 있는 물체를 뜨겁게 만들 수 있는 까닭은 빠르게 움직이는 불입자들이 불꽃에서 방출되어 해당 물체를 때리기 때문이었다. 좀더 창의력이 요구되는 설명도 있었다. 가령, 데카르트는 자력이 생기는 이유는 자석이 나선형의 입자들의 지속적인 흐름을 방출하기 때문이라고 주장했다. 그가 짐작하기로, 철 내부에는 나선형의 미세한 구멍들이 뚫려 있다. 자석에서 방출된 입자들이 이 구멍으로 들어가 그 안에서 회전하는 바람에 철을 '비틀어서' 자석으로 끌어당긴다. 그는 심지어 잔인한 장면 앞에서 눈을 돌리는 우리의 반사작용도 눈을 해치는 뾰족한 입자의 방출이라는 개념을 바탕으로 설명했다.

로버트 보일은 기계론적 철학이라는 명칭을 지었을 뿐 아니라, 이 분야를 특히 키미스트리와 결합시켰다. 세계의 작동원리를 드러내주는 키미스트리의 특별한 능력을 알아차렸기 때문이다. 보일은 17세기 키미스트리의 네 가지 주요한 측면인 크리소포에이아, 의학, 상업, 자연철학을 탐구했다. 그는 철학자의 돌을 만드는 비결을 열렬하게 찾았으며 도움을 줄 수 있는 '은밀한 숙련자'를 만나려고 시도했다. 그는 철학자의 돌이 실제로 사용되어 납에서 금으로 바뀌는 과정을 본 적이 있다고 주장하면서, 그렇게 만들어졌다는 금을 가져와 검사했다. 또한 변성을 금지한 영국의 한 법률을 1689년에 철폐하는 일에 발 벗고 나서기도 했다. 그리고 키미스트리를 이용해 만든 신약들을 수집했는데, 특히 가난한 사람들을 치료하는 데 유용하게 쓰일 저렴한 약들을 모았다(당시에도 요즘과 마찬가지로 의료 행위와 약품은 고가였다.) 또한 키미스트리를 유용한 목적, 즉 무역이나 상업이나 제조업의 발전을 위해 사용하는 것을 옹호했다. 무엇보다도 세계를 연구하기 위한 최상의 수단으로 키미스트리를 내세웠고 키미스트리의 위상을 높이려고도 애썼다. 보일은 동료들이 '텅 빈 기만적인 연구'라고 치부한 키미스트리에 평생 헌신했다. 왜냐하면 그런 노력을 통해, 기계론적 철학자들이 내놓은 입자적 세계관이 옳다는 최상의 증거를 내놓을 수 있다고 여겼기 때문이었다. 예를 들어, 그는 초석이 비휘발성의 알칼리염과 휘발성의 산성 용액으로 분해될 수 있으며 이 둘을 결합하면 초석이 생김을 밝혀냈다. 그가 내린 결론은, 화합물은 구성 성분으로 분해될 수 있고 이 구성 성분들을 결합하면 원래의 물질이 다시 생겨난다는 것이다. 보일은 파라셀수스주의를 대체로 거부하긴 했지만, (보일 자신이 명명한) 이러한 '재결합'은 스파기라와 아주 유사하다. 그리고 실제로 보일은 크리소포에이아와 케미아트리아의 오랜 두 전통을 바탕으로 자신의 이론을 세웠다.

기계론적 철학은 17세기 말에 이르자 쇠퇴했다. 보일도 이전보다 흥미를 잃었다. 이 분야를 과도하게 추구하다보면 결정론, 유물론, 그리고 무신론으로 이어질 수 있음을 알아차렸기 때문이다. 만약 세계가 충돌하는 입자들의 배열일 뿐이라면 자유의지나 신의 섭리는 들어설 여지가 없을 것이다. 만약 신이 시계 제작자라면, 신은 세계를 작동시키고 난 다음 내팽개쳤다는 말인가? 아니면 불완전한 제작자여서 정기적으로 세계를 재조정해줘야 한다는 말인가? 키미스트들은 엄격한 기계론적 철학에 그다지 끌리지 않았다. 일상생활에서 드러나는 방대한 현상들은 상이한 형태의 입자들로 이루어진 단일한 물질의 작용이라는 빈약한 개념으로는 설명하기 어려웠기 때문이다. 게다가 생명 작용은 너무나 복잡하여 단순한 기계론적 관점으로는 일정 수준 이상으로 설명하기란 어림도 없었다. 마지막으로, 일종의 원거리 작용인 뉴턴의 중력 개념은 기계론적 설명으로 환원되지 않았다. 결국, 뉴턴주의가 승리하자 엄격한 기계론은 설 자리가 없어지고 말았다.

진화하는 아리스토텔레스주의

아리스토텔레스와 아리스토텔레스주의는 이 장에서 꽤 여러 번 언급되었다. 실로, 과학혁명은 빈사 상태에 있던 스콜라적 아리스토텔레스주의와의 완전한 결별이었다고 해석할 수도 있다. 하지만 이런 견해는 스콜라철학의 유연성과 가변성을 간과하고 있다. 17세기에 다양한 '새로운' 철학을 주창한 이들은 대체로 아리스토텔레스주의를 말만 번지르르한 고루한 개념으로 여겨 비판한 반면에, 다른 자연철학자들은 여전히 '아리스토텔레스주의의' 틀 안에 머물며 줄곧 그 체계를 갱신하면서 발전시켜나갔다. 중세 후기나 근대 초기가 '아리스토텔레스주의적'이라거나 '스콜라철학적'이라고 해서, 아리스토텔레스가 제시한 모든 주장을 엄격히 고수했다는 뜻은 결코 아니다. 심지어 아리스토텔레스의 수제자였던 테오프라스토스도 아리스토텔레스주의 전통을 이어가면서도 여러 가지 지점에서 스승과 의견을 달리했다. 중세에 자연철학자들은 누구나 아리스토텔레스주의를 표방했지만, 단지 자신의 연구를 위한 출발점으로 삼았을 뿐이고, 실제 그들의 결론은 아리스토텔레스와 다른 경우가 비일비재했다. 르네상스가 되자 아리스토텔레스주의도 여러 종류가 존재하게 되었으며 심지어 서로 상충되는 내용도 있었다.

자연철학에 대한 실험적 접근법과 수학적 접근법은 아리스토텔레스 사상의 핵심이 아니었지만, 17세기에는 점점 더 그런 경향이 커졌다. 예수회 사제들은 아리스토텔레스주의 자연철학을 고수하기로 명시적으로 표방한 대표적인 사례였다. 하지만 그들 중에서도 리치올리와 그리말디와 같은 여러 인물들은 갈릴레이의 운동역학에 관한 광범위한 실험을 실시했으며 아리스토텔레스와 뚜렷이 상반되는 개념과 내용을 내놓았다. 마찬가지로 니콜로 카베오(1586~1650)는 길버트의 자기현상에 대한 친코페르니쿠스적 해석을 거부하고, 자석에 대한 다양한 실험을 자체적으로 실시했다. 17세기 말에 이르자 예수회는 가상디와 데카르트가 설명한 입자적이고 기계론적인 여러 견해들을 수용했다. 하지만 그래도 여전히 '아리스토텔레스주의의' 틀 안에서 그렇게 했다. 그리고 동조자들로서는 스콜라철학도 자연을 연구하기에 유용하고도 유연한 방법으로 여전히 남아 있었다. 17세기의 여러 혁신적인 발전에 보수적인 입장을 유지했지만, 그럼에도 불구하고 이들이 과학혁명에 동참하여 나름대로 이바지했음을 부인할 수는 없다.

과학혁명의 한 가지 두드러진 양상은 중세 후기와 달리 아리스토텔레스주의가 아주 진지하고 급진적인 경쟁자들을 만났다는 것이다. 근대 초기 내내 새로운 세계관들—자기적 세계관, 키미스트리적 세계관, 수학적 세계관, 자연마법적 세계관, 기계론적 세계관 등—이 경쟁자이자 잠재적인 대안으로 등장했으며, 스콜라철학도 '아리스토텔레스주의의' 틀 안에서 새로운 내용과 이론을 마련하려고 노력했다. 다양한 세계관의 옹호자들이 지속적으로 내놓은 주장들은 활발한 논쟁에서 나왔을 뿐만 아니라, 새롭고 광범위한 자연철학을 마련해야 한다는 벅찬 과제를 놓고 벌인 다양한 해법 찾기의 결과물이었다. 오늘날의 관점에서 보자면, 근대 초기에 유행했던 근본적인 탐구 과제에 관해 그토록 다양한 관점과 접근법이 존재했다는 사실이 의아하게 여겨진다. 또한 점점 많은 자연철학자들이 세계를 총체적으로 이해하기 위해 나름의 체계—어떤 것은 사소했지만 또 어떤 것은 위대했던 체계—를 연구하면서 품었던 열정과 포부도 우리들로서는 짐작하기 어렵다. 그러나 16세기와 17세기가 정말로 '혁명적이었던' 중요한 이유는 바로 그러한 태도 때문이었다.

제 5 장

소우주와 생명의 세계

달 위의 세계 및 달 아래 세계와 더불어 근대 초기 사상가들이 관심을 기울인 제3의 세계가 있었다. 바로 '소우주'라 불린 인체였다. 근대 초기의 의사, 해부학자, 키미스트, 기계론자 등은 인체라는 살아 있는 세계에 초점을 맞추었다. 그들은 인체의 숨은 구조를 탐구했으며 그 작동을 이해하려고 노력했고 인체의 건강을 유지할 새로운 방법을 찾고자 했다. 생명체인 인체는 지구상의 나머지 생명들, 즉 지구의 동식물과 자연스레 연관되어 있다. 생명체의 목록은 과학혁명 동안 폭발적으로 증가했는데, 이는 탐사 여행 덕분만이 아니라 현미경의 발명 때문이기도 했다. 현미경은 일상적인 물체에도 상상할 수조차 없는 복잡성의 세계가 펼쳐져 있음을, 심지어 물 한 방울 안에도 새로운 생명의 세계가 가득함을 보여주었다.

의학

인체는 단연 의사의 관심 대상이었다. 의학은 중세 전성기(High Middle Age)와 근대 초기 내내 사회적인 면에서나 지적인 면에서 관심이 큰 학문이었다. 법학 및 신학과 더불어 의학은 대학의 세 가지 고등과목 중 하나였다. 1500년대에 교육된 의학 지식은 고대 그리스와 로마의 가르침을 핵심 바탕으로, 중세 시대에 아랍과 유럽에서 이루어진 경험과 혁신이 축적된 결과였다. 갈레노스와 히포크라테스와 이븐 시나(또는 아비센나, 980?~1037)가 의학계의 주요 권위자들이었고, 체액 이론이 의학의 주요한 토대였다. 체액 이론에 따르면, 인체의 건강은 다양한 장기의 적절한 작용만이 아니라 네 가지 '체액', 즉 몸안의 액체들 간의 균형, 다시 말해 조절에 달려 있었다. 혈액, 점액, 황담즙, 흑담즙의 네 체액은 아리스토텔레스주의의 4원소에 대응했고 중요 성질을 함께 공유했다(그림 13).

의사의 역할은, 자연을 도와 특정한 식단이나 섭생법 및 약을 처방하여 체액의 균형을 맞추어주는 일이었다. 이러한 갈레노스주의 의학은 '반대 치료'가 기본 치료법이었다. 환자가 '감기'에 걸렸으면, 점액(차갑고 습한 체액)의 과도로 인한 병이

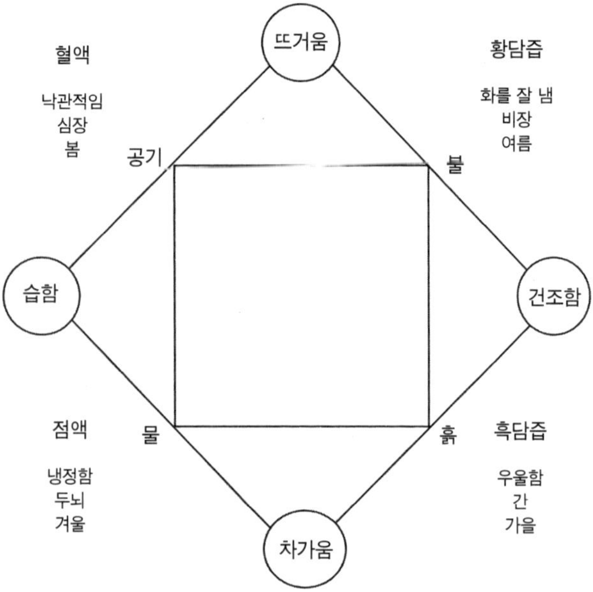

13. 이 '원소들로 이루어진 사각형'은 각 원소의 성질과 네 가지 체액, 네 가지 체질, 그리고 네 가지 계절과의 관련성을 보여준다.

므로 따뜻하고 건조한 음식과 약을 처방해 균형을 되찾게 해준다. 열이 많이 날 경우에는 차갑고 습한 약을 처방하거나 차가운 물에 목욕을 시키거나 또 어떨 때는 출혈을 통해 피의 더운 성질을 줄여주기도 했다.

천상세계와 인체 사이에 많은 관련성이 존재한다고 본 관점은 근대 초기 세계의 상호관련성을 잘 드러내준다. 대우주가 소우주에 미치는 영향은 대체로 의심할 바 없는 것으로 여겨졌다. 다만 이런 상호작용의 세부 사항만이 줄곧 논란을 빚었을 뿐이다. 그러므로 점성술이 인체의 진단과 치료 양면에 핵심적인 역할을 했다. 어쩌면 예언이 아니라 의학이 점성술의 주요한 적용 분야였다. 각각의 인체 장기는 황도대의 별자리와 대응하고 있었고 그 장기와 성질이 비슷한 행성의 영향에 특히 민감했다(그림 14).

가령, 뇌는 차갑고 습한 장기이므로 역시 차갑고 습한 행성인 달의 영향을 가장 많이 받는다. (뇌에 이상이 있는 사람을 가리키는 영어 단어가 lunatic인데, 여기서 luna는 달을 뜻하는 라틴어다. 일상 대화에서 쓰는 단어로는 'moony'가 있다.) 따라서 어떤 병이 생길 때 행성의 위치를 알면, 의사는 주된 환경적 영향을 이해하고 인체에서 잠재적으로 영향을 받을 곳을 알아냄으로써 진단에 도움을 받을 수 있다. 더군다나 각각의 사람은 태어날 때 우세한 행성의 영향을 받아서 저마다 체액의 비율이 다

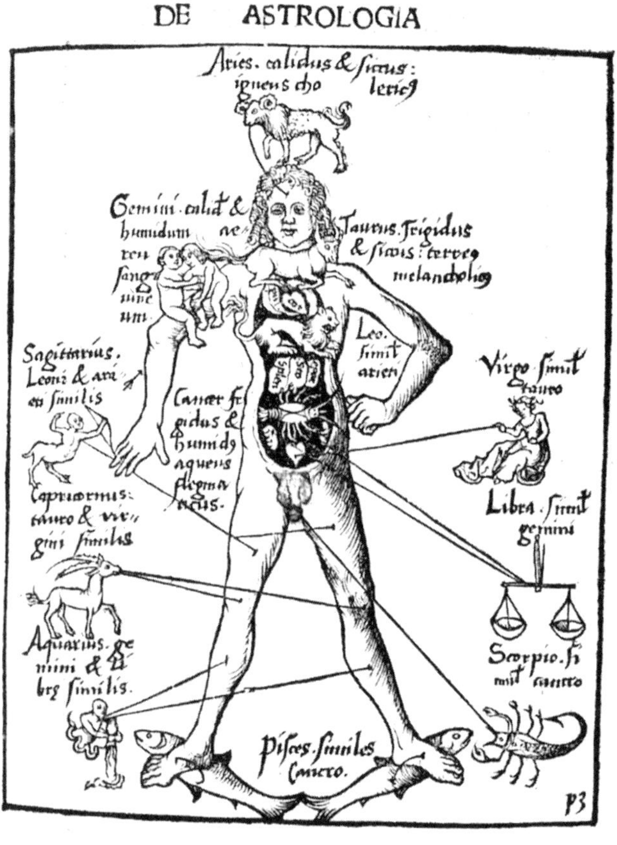

14. 인체의 장기와 이에 대응하는 황도대 별자리를 나타낸 그림. 그레고르 라이슈가 편찬한 근대 초기의 백과사전인 『마가리타 필로소피카Margarita Philosophica』(프라이부르크, 1503)에 실렸다.

른데, 이를 가리켜 체질(complexion)이라고 한다. 따라서 모든 환자는 자신의 고유한 체질에 맞는 치료를 받아야 한다.

근대 초기 의학의 경우, 한 가지 치료법이 누구에게나 들어맞지는 않았다. 의료 행위는 각 환자에게 맞게끔 이루어져야 했다. 가령, 동일한 약이라도 아무에게나 처방해서는 안 되며, 치료와 더불어 특정한 식단이나 섭생이 뒤따라야 했다. 따라서 의사는 환자의 탄생 별자리를 살펴서 환자의 기질을 판단해야 했다. 점성술 계산은 히포크라테스의 '결정적인 날'이라는 개념에 따라 치료의 시기를 정하는 데 도움이 될 수 있었다. '결정적인 날'이란 병의 진행중에 찾아오는 '위기'의 순간들인데, 이때를 환자가 극복해야만 회복될 수 있다. 또한 진단은 오줌을 검사하는 방법을 썼다. 휴대용 기준표를 참고하여 환자 오줌의 색깔, 냄새, 농도, 그리고 심지어 맛이 어떤 질병과 관련이 있는지를 판단하여 진단을 내렸다. 맥박의 빈도, 리듬, 강도도 마찬가지로 진단의 기준이 되었다.

적어도 면허를 지닌 의사들의 치료 방법은 과학혁명 동안에도 급격하게 바뀌지는 않았다. 새로운 이론과 발견이 이루어지면서 서서히 발전하기는 했지만, 갈레노스주의와 히포크라테스주의에 바탕을 둔 의학의 핵심 내용은 18세기로 들어와서도 그대로 유지되었다(하지만 점성술에 바탕을 둔 진단은 17세기부터 차츰 사라지기 시작했다). 이처럼 과거의 의학이 지속된 것은 의학 교과목이 그대로 유지되었기 때문이고, 또한 보수적인 성향의 의료 집단 내지 면허 체계 때문이었다. 따라서 혁신은 면허를 받은 의사 집단 밖에서 종종 일어났다. 하지만 면허를 주어 의사를 뽑는 엄격한 제도는 대도시 중심부에서나 가능했다. 대다수 지역에서는 의학 교육을 전혀 또는 거의 받지 않은 온갖 유형의 치료자들이 사람들의 건강을 돌보았다. 이런 사람들의 수가 면허받은 의사들보다 훨씬 많았다. 거의 모든 가정마다 가족과 이웃을 위한 다양한 민간요법의 목록을 갖추고 있었다. 약제상에서 간단한 약재들을 구할 수 있었기에 거의 누구나 심지어 특이한 (그리고 때로는 위험한) 약을 조제할 수 있었다. 수술을 실시하는 사람은 이발사 겸 외과의사가 맡았다. 이들은 의사에 비해 신분이 낮았고 정식 교육을 제대로 받지 않았다. 다양한 약품 조제 및 치료 행위를 담당했던 무면허 의사인 이 '돌팔이 의사'들은 런던, 파리 및 다른 주요 도시에서 번번이 제지를 당하면서도 꿋꿋하게 자리를 잡아나갔다. 현대의 의료 관행과 뚜렷이 대조되는 점으로는, 당시에는 몇몇 치료가 계약에 따라 행해졌다는 점을 들 수 있다. 즉, 의사의 보수는 치료 성공 여부에 따라 정해졌다.

파라셀수스주의, 그리고 17세기의 헬몬트주의와 같은 급진적인 의학 체계는 무면허 의사들이 적극적으로 받아들였다. 기존의 의료 체계에 간접적으로나마 도전을 가하려 했던 것이다. 그럼에도 불구하고 의학에 키미스트리를 적용하려는 새로운 접근법은 서서히 공식적인 의학 연구로 편입되었고, 1518년에는 런던왕립의사회와 같은 전문적인 기관이 설립되었다. 프랑스에서는 파리의 갈레노스주의 의사들과 몽펠리에의 친파라셀수스주의 의사들이 키미스트리 의학의 장단점을 놓고서 오랜 세월 논쟁을 벌였다. 이런 충돌은 중앙집권적이고 가톨릭을 주로 믿는 파리 시민들과 지방에 위치하며 인구 대다수가 개신교도인 몽펠리에 시민들 간의 극명한 노선 차이를 잘 보여준다. 그들이 의학에 안티몬—독성 광물질—을 사용할 것인가를 놓고서 벌인 가장 열띤 논쟁은 1658년이 지나서야 끝이 났다. 루이 14세가 군사작전중에 병에 걸렸을 때 왕실 주치의들이 처방한 전통적인 치료법은 효과가 없었던 반면에 한 지역 의사가 포도주에 안티몬을 타서 왕에게 먹여 구토를 유발하자 병이 나았던 것이 계기였다. 이후로 파리의 의사들은 이러한 파라셀수스주의적인 '포도주를 이용한 구토유도제' 사용을 합법화하는 데 찬성표를 던질 수밖에 없었다.

해부학

해부학은 근대 초기에 크게 발전했다. 고대에도 갈레노스가 해부의 중요성을 강조하기는 했지만, 로마인들은 해부에 의

한 사체의 훼손을 사회적으로나 도덕적으로 못마땅하게 여겼다. 따라서 갈레노스도 원숭이와 개를 해부해서 알아낸 해부학 지식을 유추해서 인체에 적용했다. (그렇기는 하지만, 검투사 담당 의사로 지냈기 때문에 가끔씩 인간의 장기를 보았음이 분명하다.) 고대에는 오직 이집트에서만 인체의 해부가 행해졌다. 이는 아마도 미라를 만드는 관습 때문에 사람의 몸을 열어 장기를 꺼내는 일이 이집트에서는 흔했기 때문이었을 것이다. 하지만 중세 후기에 이르자 이탈리아에서는 파두아와 볼로냐 등의 의과대학에서 인체 해부가 표준으로 자리잡았다. 1300년 무렵이 되자 의과대학 학생들은 교육과정의 일부로 인체 해부를 관찰해야 했다. 가톨릭교회가 인체 해부를 금지했다는 19세기의 속설은 전혀 근거가 없다. 인체 해부가 제대로 이루어지지 않은 것은 주로 시체 부족 때문이었다. 번듯한 사람들은 자기나 친족의 사체가 구경꾼들 앞에서 잘려나가 전시되는 것을 허락하지 않았기에, 사형수의 시체, 그중에서도 종종 외국인 사형수의 시체를 이용할 수밖에 없었다.

인체 해부에 대한 관심은 16세기 초반에 특히 이탈리아에서 관심이 많았다. 그 정점이 바로 안드레아스 베살리우스(1514~64)의 기념비적인 저서 『인체의 구조에 관하여』이다. 이 책은 코페르니쿠스의 『천구의 회전에 관하여』와 마찬가지로 1543년에 출간되었다. 플랑드르 출신인 베살리우스는 파두아 대학에서 공부했으며 박사 학위를 받은 다음날부터 그 대학의 강사를 맡았다. 처형 시간을 적절하게 정해준 판사의 도움을 받아(당시에는 냉장 시설이나 방부제가 없었기에 시체를 즉시 해부해야 했다), 베살리우스는 무수히 많이 그리고 주의깊게 해부를 실시하여 갈레노스를 포함한 여러 의학자들의 오류를 짚어냈다. 그리고 인체의 부분들을 새로운 방식으로 분류했는데, 단지 기능적인 측면만이 아니라 구조적인 측면에 따라 분류했다. 게다가 베살리우스는 이탈리아 화가 티치아노에게서 배운 그림 실력을 이용해 자세한 해부도의 제작을 감독했는데, 이 해부도가 그의 책의 주된 내용이었다. 그리고 각각의 해부도마다 해부학적 특징들을 자세하게 설명했다. 그림이 풍부하게 포함된 책의 출간은 인쇄기가 없었다면 불가능했을 것이다. 그렇기는 해도 두꺼운 분량 때문에 값이 비싸졌다. 그래서 베살리우스는 학생들을 위한 저렴한 판본을 만들었고, 덕분에 그의 사상과 발견 내용, 그리고 인체의 작동 원리가 널리 알려질 수 있었다. 해부학에 관한 관심이 커지자 해부학 극장도 생겨났다. 맨 처음 파두아에서 생겼고(1594년), 이어서 레이던(1596년), 볼로냐(1637년) 등 여러 지역으로 퍼졌다. 비록 의대생들에게 가르칠 의도로 지어졌지만, 이런 극장들 중 특히 북유럽 지역의 극장은 일반인들 중에서 관심 있는(또는 유행을 좇는) 사람들을 관객으로 불러들였다.

해부는 사람의 시체나 의과대학의 활동에 국한되지 않았다. 17세기에 과학협회들이 생겨나면서, 동물 해부가 이런 협회의 주요 활동으로 자리잡았다. 1670년대와 1680년대에 신생의 파리 왕립과학아카데미는 루이 14세의 동물원에서 죽은 이국적인 동물들을 입수했다. 타조, 사자, 카멜레온, 가젤, 비버, 낙타 등이 포함되어 있었다. 이 아카데미의 수장인 클로드 페로(1613~88)는 마지막 동물을 해부하는 도중에 칼에 베여 감염으로 인해 사망했다. 1650년대와 1660년대에는 옥스퍼드에서, 그리고 이후에는 런던왕립협회에서 여러 연구자들이 사체뿐 아니라 살아 있는 동물, 특히 개도 해부했다. 이 실험은 요즘 독자들로서는 비위가 상할 정도로 너무 잔인했다(보일도 이런 실험에 어려움을 겪었다). 이런 실험을 통해 신경, 힘줄, 폐, 정맥, 동맥의 실제 작동 방식을 알아내려고 애썼다. 종종 다양한 액체를 주사하여 체내에서 어떻게 이동하는지, 그리고 생리적으로 어떤 효과가 생기는지 관찰했다. 수혈도 이루어졌는데 때로는 서로 다른 동물 종 사이에도 이루어졌다. 일례로, 건강한 양의 피를 환자인 인간의 몸에 수혈하여 치료를 시도하기도 했다.

혈액 및 체액의 움직임에 이처럼 관심을 갖게 된 데는 1628년에 발표된 혈액순환에 관한 윌리엄 하비(1578~1657)의 주장이 한몫했다. 갈레노스에 다르면 정맥과 동맥은 서로 분리된 구조였다. 간은 지속적으로 어두운 정맥혈을 생산하고 이 피는 정맥을 통해 몸의 각 부분에 영양을 공급한다. 이 피 가운데 일부가 심장으로 들어가, 여기서 좌심실과 우심실을 나누는 격막이라는 조직의 구멍을 통과한다. 거기에서, 폐로부터 폐동맥을 거쳐 들어온 공기가 그 피를 밝은 동맥혈로 변환시킨다. 이 동맥혈은 동맥 혈관을 통해 몸에 영양을 공급한다. 어떤 피도 심장으로 돌아가지 않는다. 하지만 16세기 해부학자들은 갈레노스 체계에 문제점을 발견했다. 그들은 격막의 구멍이 실제로 존재하는지 의문을 품었으며, 또한 폐동맥이 공기가 아니라 피로 가득차 있음을 알아냈다. 이 관찰 덕분에 '소순환'이 제안되었다. 정맥혈이 심장에서 출발해 폐를 지나 다시 심장으로 돌아온 후에 몸의 각 부위로 흘러나가는 순환이다. 파두아 대학에서 하비는 당대의 가장 위대한 해부학자들과 연구했다. 그중에서도 특히 지롤라모 파브리치오(히에로니무스 파브리키우스, 1537~1619)는 정맥의 '밸브'를 발견한 인물이다. 하비가 나중에 한 말에 의하면, 이 발견 덕분에 자신이 훗날 혈액의 더 넓은 순환을 연구하게 되었다고 한다.

하비는 심장이 펌프질하는 피의 양은, 피가 어떤 식으로든 재순환되지 않으면 몸 전체의 공급량에 미치지 못한다는 사실을 알아냈다. 결찰사(혈관이나 몸의 일부를 압축하거나 묶는 데 쓰는 실)를 이용해 피의 흐름을 선택적으로 멈추는 방법을 통해 그는 실험적으로 '대순환' 과정을 밝혀냈다. 즉, 서로 연결된 동맥과 정맥을 통해 심장이 피를 온몸에 순환시키는 과정을 해명한 것이다. 하비는 혈액순환 운동을 만족스럽게 여겼다. 혈액순환은 소우주가 대우주인 하늘의 원운동—아리스토텔레스가 가장 완벽하다고 여겼던 운동—을 모방한다는 증거였기 때문이다. 사실상 하비는 아리스토텔레스주의의 접근법과 방법론을 고수했으며, 아리스토텔레스가 핵심적으로 중요하다고 여겼던 인체 부위인 심장과 혈액에만 관심을 집중했다. 이 또한 아리스토텔레스가 과학혁명 동안에도 줄곧 영향력을 행사했다는 증거다. 하지만 하비는 동맥과 정맥을 연결하는 모세혈관을 찾아낼 수가 없었다. 이 구조는 하비가 죽은 지 고작 4년 후에 마르첼로 말피기(1628~94)가 처음 발견했다. 그는 개구리의 투명한 폐 조직에서 폐정맥과 폐동맥을 잇는 미세한 관을 통해 피가 흐르는 것을 관찰했다. 이를 바탕으로 그는 비슷한 관이 인체 곳곳에서도 정맥과 동맥을 잇는다고 짐작했다. 이런 관찰을 위해 말피기는 비교적 새로운 발명품인 현미경을 사용했다.

현미경 관찰, 기계론적 원리, 그리고 생명체의 발생

17세기 초반에 현미경이 어떻게 발명되었는지는 불분명하다. 하지만 자매 제품인 망원경과 마찬가지로 현미경은 새로운 세계를 드러냈으며 새로운 사상을 촉진했다. 갈릴레이도 망원경과 비슷한 장치를 이용해 작은 물체를 확대시켰지만, 현미경을 이용해 그린 최초의 그림은 1625년에 프란체스코 스텔루티와 페데리코 체시의 연구에서 처음 등장했다. 이 그림은 벌을 가문의 문장으로 삼았던 바르베리니 가문 출신인 교황 우르바누스 8세에게 헌정되었다. 1660년대에 로버트 훅은 성능이 향상된 망원경을 만들어서 이와 같은 작은 곤충에서부터 서리 결정에 이르기까지 모든 것을 조사했다. 식물의 내부를 관찰하여 그 기본 단위를 세포라 명명한 것도, 코르크의 미세구조가 수도원의 생활 구역을 닮은 여러 개의 작은 방으로 이루어져 있음을 알아냈기 때문이다(세포를 뜻하는 영어 단어 cell은 수도원 등의 작은 방이라는 뜻도 있다). 안톤 판 레이우엔훅(1632~1723)은 네덜란드 델프트에 사는 포목상 겸 감정사였는데, 가장 단순하면서도 성능이 뛰어난 확대경을 제작했다. 그는 작고 볼록한 유리 렌즈를 이용해 500개 이상의 현미경을 만들었으며, 현미경으로 관찰한 결과를 누구보다도 많이 발표했다. 그는 현미경 아래에 온갖 특이한 물체를 놓아두고서 관찰했다. 가령, 인간과 동물의 정액 속에 든 '벌레들', 핏속의 혈구들(그리고 어린 장어 꼬리에 있는 모세혈관을 통해 혈구들이 움직이는 모습), 치석 속의 박테리아, 연못 물 속이나 채소를 우려낸 물 속에 우글거리는 '극미동물들'도 레이우엔훅이 발견한 것들이다. 그가 발견한 정자로 인해 동식물의 발생에 관한 논의가 활발하게 이루어질 수 있었다. 레이우엔훅은 **전성설**(前成說)을 지지했다. 이것은 새로운 자손의 작은 판본이 각각의 정자 또는 난자 안에 이미 들어 있다는 이론이다. 반대 견해인 **후성설**(後成說)은 태아의 구조는 수정 이후 임신의 여러 단계를 거치면서 생긴다는 입장이다. 전성설은 특히 기계론적 철학에 따른 견해였는데, 이는 이 철학이 생명의 발생을 단순한 기계적 성장의 문제로 환원시켰기 때문이다. 아주 작은 유기체가 새로운 물질을 흡수하여 점점 더 커질 뿐이라는 것이다. 그러다보니 대다수의 후성설주의자들이 무정형의 물질—정자, 월경혈 또는 난자의 액체 성분—을 만드는 데 필요하다고 여긴 비물질적인 생명력이라는 개념을 거부했다. 하비는 후성설주의를 지지했기에, 발생의 여러 단계에 걸쳐 달걀을 해부하였다. 이때 그는 처음에 피가 형성되는 모습을 보고서 피야말로 생명의 자리이며 새로운 생명의 탄생을 이끄는 생명력의 원천이라고 여겼다. 전성설은 새로운 생명체의 작은 형태가 언제 그리고 어디서 실제로 시작되는가라는 질문을 낳았다. 몇몇 전성설주의자들은 모든 미래 세대가 신에 의해 창조된 첫번째 종 안에 이미 겹겹이 들어 있다고 주장하기도 했다.

생명체 안에 기계적 구조처럼 보이는 것이 현미경을 통해 드러나자, 특히 기계론자들이 흥분을 금하지 못했다. 결과적으로 17세기 후반에 현미경으로 사물을 관찰하던 이들은 대체로 기계론자였다. 그들이 특히 하비의 혈액순환 이론을 받아들인 까닭도 이 이론이 심장을 펌프—일종의 기계 장치인데, 하지만 하비는 자신을 결코 기계론자로 여기지 않았다—로 간주했기 때문이다. 또한 피렌체에서 조반니 알폰소 보렐리(1608~79)는 동물의 운동을 단순한 기계의 관점에서 분석했다. 이런 관점에서 뼈와 힘줄 및 근육은 지렛대나 버팀목 및 밧줄로 보았고, 체액과 혈관은 유압 장치와 배관으로 보았다. 그 결과 이른바 생물기계학이 출범되었다. 런던에서는 니어마이어 그루(1641~1712)가 식물의 숨겨진 해부학적 구조를 연구하여 식물의 생리작용을 규명하는 데 이바지했다. 일부 기계론자들은 심지어 현미경의 성능이 향상되면 원자의 모습과 운동을 직접 관찰할 수 있을 것으로 내다보았다. 이로써 기계 철학의 근본적인 설명 원리들을 직접 관찰할 수 있게 되기를 희망했다.

현미경을 통해 관찰하더라도, 세상 모든 것이 그러하듯이 결과의 해석은 사람마다 상충될 수 있었다. 정자의 발견이 전성설을 지지하는 쪽으로 해석될 수도 있었지만, 고인 물에서 수많은 생명체들이 나타나는 모습은 오랫동안 확립된 자연발생의 개념—생명체가 생명이 없는 물질에서 생길 수 있다는 견해—을 강하게 지지했다. 이는 다시, 생명체는 원래 무정형의 물질에서 생겨난다는 후성설 개념에 우호적으로 작용했다. 몇 세기 이전부터 대다수의 자연철학자들은 단순한 생명체들이 특정한 환경하에서 저절로 생겨난다고 가정했다. 가령, 썩어가는 소의 시체에서 벌이 생기고, 흙에서 벌레가 생기고, 부패하는 생선에서 구더기가 생긴다는 것이다. 1660년대에 메디치가의 궁궐에서 일련의 유명한 실험들이 실시되었는데, 프란체스코 레디(1626~97)는 고깃조각을 썩도록 내버려두면서 어떤 것은 그물이나 천으로 덮어두고 또 어떤 것은 그냥 공기중에 놓아두었다. 공기중에 놓아둔 것에는 구더기가 들끓었지만, 이 경우에도 파리가 달려들지 못하게 하면 구더기가 생기지 않았다. 대부분의 실험이 오늘날의 관점에서는 '결정적'인 것처럼 보이지만, 레디의 실험은 자연발생설에 대한 믿음을 즉시 근절하지 못했다. 실험 결과를 다르게 해석할 수 있었기 때문이다(실제로 다른 해석들이 제시되었다). 레디 자신도 일부 곤충—가령 어리상수리혹벌—이 식물에서 곧바로 생길지 모른다고 보았다. 요즘 사람들이야 대체로 자연발생설을 비웃겠지만, 이 점을 꼭 짚어보고자 한다. 즉, 신의 기적 같은 간섭으로 생명체를 최초의 형태 그대로 창조했다고 믿지 않는 오늘날의 과학자라면, 결국에는 생명이 무생물에서 자연적으로 생겨났다고 분명 믿는 셈이다.

현미경도, 생명체에 대한 기계론적 관점도, 모든 기대를 만족시키지는 못했다. 당시에 이용 가능한 재료와 광학 기술의 제약으로 인해 확대율과 해상도의 한계가 곧 드러나고 말았다. 그렇기는 해도 현미경을 통한 연구는 이미 생명체의 엄청난 복잡성을 밝혀냈기에, 기계론적 관점으로는 생명체의 발생이나 작동을 점점 더 제대로 설명하기가 어려워졌다. 그래서 기계론적 접근법이 가장 인기를 누리고 있었지만, 좀더 생기론적인 관점도 마찬가지로 인기가 있었다. 사실 17세기에는 무생물과 생물의 구분도 명확하지가 않았으며, 많은 사상가들은 기계론적 체계와 생기론적 체계를 뒤섞었다. 가령, 생명체 내에 생기를 부여하는 영혼의 존재를 부정할 만큼 엄격한 기계론자들은 매우 드물었다. 그런 영혼은 기독교 신학에서 말하는 비물질적인 불멸의 인간 영혼일 필요는 없었고, 다만 다양한 실체들 속에 다양한 형태와 수준으로 존재한다고 여겨졌을 뿐이다(요즘 사람들에게는 '활기'라는 용어가 이 개념에 더 잘 맞을 것이다). 이런 개념은 아리스토텔레스까지 거슬러올라간다. 그는 영혼의 세 가지 수준을 제안했다. **식물적 영혼**은 성장을 감독하고 영양분의 흡수를 담당한다. 동물의 경우에는 이보다 더 상위인 **감각적 영혼**이 감각과 운동을 주관한다. 그리고 인간에게는 식물적 영혼과 감각적 영혼과 더불어 **이성적 영**

혼이 사고와 추론을 주관한다. 기계론적 원리가 특정한 신체 작용과 구조를 설명할 수 있게 되었을 때에도, 많은 사람들이 보기에 생명체의 발생과 유지는 (인식과 의식은 말할 것도 없이) 전체적으로 영혼의 작용이었다.

헬몬트주의

아마도 17세기에 등장한 가장 광범위한 새로운 의학 체계는, 플랑드르의 귀족이자 의사이며 키미스트이고 자연철학자였던 얀 밥티스타 판 헬몬트(1579~1644)가 내놓은 체계일 것이다. 헬몬트는 키미스트리, 의학, 신학, 실험, 그리고 자신의 실제 경험을 한데 엮어 단일한 의학 체계를 세웠는데, 이 체계는 당시 큰 영향력을 발휘했다. 그가 자기 삶을 되돌아보면서 쓴 글에는, 전통적인 교육에 불만을 품고서 과학혁명 시대 사상가들이 전형적으로 추구했던 새로운 지식을 찾으려는 소망이 고스란히 드러난다. 벨기에의 루뱅 대학에 다녔다는 이야기는 물론, 정작 배운 것이 하나도 없다고 느껴 학위를 거부했다는 이야기도 나온다. 이후 그는 예수회 사제들과 함께 공부했으나 상황은 별반 다를 바가 없었다. 어쨌든 의학박사 학위를 받기는 했으나, 의학의 기초가 '형편없다는' 사실을 절감하고서 파라셀수스주의에 기울었는데 이마저도 대부분 거부했다. 이에 헬몬트는 완전히 새로 시작하면서 자기 자신을 '불옆에 선 철학자'라고 불렀다. 즉, 자신의 배움이 전통적인 교육에서 나온 것이 아니라 용광로에서 행한 실험에서 나왔다는 뜻이다. 정말이지 헬몬트는 관찰력이 뛰어나, 여러 질환의 발생 원인, 징후 및 진행 과정을 자세히 밝혀냈다. 그의 노력이 없었다면 몇 세기가 지나서도 불가능했을 일이다.

헬몬트는 아리스토텔레스의 4원소와 파라셀수스의 트리아 프리마를 거부했고, 대신에 물이 만물의 단일한 근본 원소라고 주장했다. 이 개념은 아주 고대의 그리스 철학자 탈레스를 경청한 결과였을 뿐만 아니라, (헬몬트로서는) 더 중요하게도 『창세기』 1장 2절에 주목한 결과이기도 했다. 거기를 보면, 하느님의 영은 '**수면** 위에서' 운행하고 있었다. 그는 이 개념을 실험을 통해 확인할 방법을 모색했다. 그중 가장 유명한 것은, 200파운드의 흙에 5파운드의 버드나무 묘목을 심어 다섯 해 동안 물을 준 실험이었다. 다섯 해가 지나자 나무의 무게는 164파운드가 되었는데, 하지만 흙은 거의 무게가 줄지 않았다. 따라서 헬몬트는 나무의 전체 구성 성분은 오직 물에서 얻은 것이라고 결론지었다. 헬몬트에 따르면, 창조의 순간에 세계에 심어놓은 **씨앗**은 물을 다른 모든 물질로 변환시키는 능력을 지니고 있다. 이 **씨앗**은 콩처럼 물질적 씨앗이 아니라 비물질적인 생성 원리다. 예를 들면, 달걀 노른자를 병아리로 만드는 보이지 않는 생기론적 원리와 비슷하다. 불과 부패는 이 씨앗 및 그것의 생성 능력을 파괴하여, 물질들을 공기와 비슷한 물질로 바꾼다. 헬몬트는 이 공기 비슷한 물질을 '가스(Gas)'라고 명명했다(그리스어 카오스chaos에서 나온 말이며, 물질의 세번째 상태인 기체를 가리키는 단어다). 그러므로 숯을 태우고 맥주를 발효시키면 숨을 막히게 하는 이산화탄소 가스가 나오고, 황을 태우면 황산 가스가 생긴다는 것이다. 대기의 차가운 부분에서는 마침내 이 가스가 원래의 물로 변환되어 비가 되어 내리는데, 이 상태가 물의 연속적인 변환 과정의 종착지라고 헬몬트는 여겼다.

헬몬트는 인체의 작동 과정도 근본적으로 화학적이라고 주장했다. 파라셀수스의 주장과 비슷하지만 그보다 더욱 정교했다. 그는 소화를 담당하는 위액이 산성임을 알아냈으며, 아울러 체액을 분석했다. 특히 17세기에 가장 통증이 심한 병 가운데 하나였던, 신장 및 방광 결석이 생기는 원인을 찾아 치료법을 알아내기 위해 오줌을 분석했다. 하지만 화학적 과정만으로는 생명 과정을 만족스럽게 설명할 수 없었다. 몸속에 깃든 준정신적인 실체가 생명 과정을 이끌어주어야 했는데, 이 실체는 아르케우스(archeus)라고 불렸다. 헬몬트가 보기에, 아르케우스가 인체의 작동을 조절하고 관장하고 있었다. 질병은 아르케우스가 약해져 제 임무를 다할 수 없을 때 생겼다. 병의 치료는 아르케우스를 강화시키는 일이 핵심이었다. 따라서 헬몬트는 체질, 4원소, 그리고 치유의 방법 등 갈레노스의 개념들을 거부했다. 헬몬트의 말에 의하면, 전염병과 같은 병은 체액의 불균형 때문이 아니라 외부의 질병 '씨앗'이 몸에 침입하여 몸의 상태를 바꾸기 때문에 일어나는 것이다. 강한 아르케우스는 이런 씨앗을 물리칠 수 있지만 약한 아르케우스는 도움을 받아야 한다. (참고로, 갈레노스 의학이든 헬몬트 의학이든 의사의 역할은 언제나 자연의 과정을 보조하는 것이지 결코 그 과정을 바꾸거나 인체를 통제하는 것이 아니었다.) 헬몬트는 또한 환자의 정신적 및 심리적 상태의 역할을 강조했으며, 상상력이 인체에 물리적 변환을 일으킬 수 있다고 주장했다. 헬몬트의 사상은 여러 의사, 생리학자, 키미스트리에게 심오한 영향을 미쳤다.

기계론자와 생기론자의 생명관은 조화될 수 없는 것이 아니라 한 연속체상의 두 극단일 뿐이었다. 많은 의사와 자연철학자는 중도적인 입장을 채택했다. 판 헬몬트와 동시대인인 가상디도 씨앗을 새로운 생명체를 생성시킬 수 있는 강력한 원리라고 보았다. 하지만 헬몬트의 씨앗은 비물질적이었던 데 반해, 가상디의 씨앗은 물질에 기계적으로 작용하는 (신성하게 구성된) 물질적 원자들의 특별한 조합이었다. 실제로, 18세기에는 기계론과 생기론이 서로 혼합된 의학 체계들이 나왔다.

가령 게오르크 에른스트 슈탈(1659~1734)의 의학 체계는 화학적 변화의 기계론적 성질을 강조하면서도 생명체를 구성하고 관장하는 생명력이라는 개념을 아울러 필요로 했다. 18세기 의학, 특히 의학 교수법 분야에서 가장 영향력이 컸던 인물인 헤르만 부르하버(1668~1738)는 17세기 자연철학의 다양한 사조들을 한데 모았다. 레이던 대학 의과대학의 의학 및 화학 교수로서 부르하버는 (환경 및 환자의 고유성을 강조했던) 히포크라테스주의의 치료 방법은 물론이고 의학 교육에서 화학이 차지하는 중요성을 역설했다. 의학 및 인체에 대한 그의 접근법은 보일의 기계철학, 뉴턴의 물리학, 그리고 헬몬트의 '씨앗' 이론을 결합시켰다. 부르하버가 주창한 의학 교육 개혁안은 유럽 대다수 지역에서 채택되었으며(그리하여 부르하버는 때때로 '유럽의 아버지'라고 불리기도 한다), 18세기 의학에서 일어난 중요한 변화의 근본 바탕이 되었다.

식물과 동물

식물과 동물에 관한 연구—오늘날 각각 식물학과 동물학이라고 부르는 학문—는 16세기와 17세기에 엄청나게 늘어났다. 그런 주제를 다룬 전통적인 문헌은 백과사전이었다. 백과사전의 기원은 대(大) 플리니우스(Pliny the Elder, 23~79)의 방대한 저서 『자연사』였다. 이 책에서 그는 그리스의 학문을 집대성해 로마의 일반 대중에게 널리 알렸다. 식물과 동물에 관한 백과사전식 설명은 중세의 약초 의학서와 동물 우화집에 자주 포함되었는데, 이런 방식은 과학혁명 기간 동안에도 지속되었다. 가장 유명한 사례 중 하나는 수백 장의 목판화가 포함된 콘라트 게스너(1516~65)의 다섯 권짜리 책인 『동물지』이다. 하지만 그런 책들은 요즘 독자들한테는 이상하게 보인다. 왜냐하면 그런 책들은 다양한 종들을 과학적 관점에서 자세히 설명하면서, 아울러 각각의 동식물에 대해 고대로부터 축적되어온 방대한 문학적, 어원학적, 성경적, 도덕적, 신화적, 은유적 의미를 함께 설명하고 있기 때문이다. 공작을 설명하는 대목에는 공작이 얼마나 자부심이 강한지를 꼭 언급하고, 뱀을 설명할 때는 뱀이 아담을 속여 타락시켰다는 내용을 빼놓지 않고, (들판 길을 걸을 때 흔히 보이는 식물인) 질경이를 설명할 때면 그 식물이 그리스도의 올곧은 길을 상징한다는 말을 빼놓지 않는 식이다. 동식물은 독립적인 종으로 제시되지 않으며, 의미와 암시의 풍부한 그물망 속에서 제시된다. 동식물은 자연의 대상이면서 동시에 겹겹이 의미가 함축된 세계, 사실적이면서 동시에 은유적인 세계, 읽어내야 할 메시지들로 가득찬 세계의 상징물이기도 했다. 따라서 유니콘, 용, 다양한 괴물과 같은 가공의 동물들도 잘 알려진 진짜 동물들과 함께 설명했다. 그렇다고 해서 저자들이 그런 존재들이 정말로 지구에 어슬렁거린다고 믿지는 않았다. 다만 실제 존재 여부와 관계없이 문학 속에서 존재함으로써 의미를 지녔던 동물들이었다. 요즘 독자들은 그런 문헌을 '진기하다'거나 허구적이라거나 '비과학적인 사소한 이야기'로 가득차 있다고 여길지 모르지만, 오히려 당시 독자들은 아마도 오늘날의 동식물 관련 문헌을 황량하고 비인간적이라고 여길 것이다.

근대 초기에 있었던 두 가지 발전이 이런 상징적인 전통을 다른 방향으로 전환시켰다. 첫째, 약용 식물인지 아닌지를 확인할 필요성이 커졌다. 인문주의 학자들이 고대 그리스 의학 문헌을 계속 찾아내서 편집하고 출간함에 따라, 이런 문헌에 언급된 약용 식물들을 확인하고 야생에서 이 식물들을 찾아내야 할 필요성이 점점 더 커졌다. 따라서 고대의 문헌과 16세기 들판에서 자라는 식물 사이의 차이를 메울 새로운 약초를 찾는 수요가 있었다. 이를 위해 새로운 약초는 고대 그리스 약초의 일반적인 명칭과 관련되어야 했고, 아울러 그런 약초에 대한 정확한 사실적 묘사가 필요했다. 베살리우스가 티치아노의 화실 출신의 화가들과 협동 작업을 했듯이, 16세기의 신세대 식물학자들은 화가들과 협력해 광범위한 삽화가 딸린 약초 설명서를 내놓았다. 대표적인 것이 오토 브룬펠스의 『식물생태도』(1530~36)와 레온하르트 푹스의 『식물사』(1542)이다.

두번째 발전은 유럽 지평의 확장이었다. 가장 좁게 보자면, 디오스코리데스와 같은 고대의 권위자들은 주로 지중해 식물을 기술했을 뿐 북유럽 종들을 몰랐다. 따라서 고전 문헌에서 다루지 않았던 식물을 설명할 필요가 생겼다. 하지만 훨씬 넓게 보자면, 동일한 문제가 유럽 바깥으로 떠난 여행에서, 특히 아메리카에서 처음 마주친 무수한 동식물에도 존재했다. 감자, 옥수수, 토마토와 같은 식용식물, '예수회의 나무껍질'(말라리아 치료제인 키니네가 나오는 기나나무)과 같은 약용식물, 그리고 주머니쥐, 재규어, 아르마딜로와 같은 새로운 동물들이 소개되면서 유럽인이 아는 동식물 목록이 한껏 늘어났다. 이처럼 새로 유입된 동식물은 기존에 축적된 의미나 상징이 없었기에, 약초 의학서와 동물 우화집의 전통적인 유형에 들어맞을 리가 없었다. 신세계에서 가장 많은 소식이 흘러들던 곳인 스페인의 경우, 왕명을 받고서 정보를 체계적으로 정리하던 이들은 플리니우스와 같은 고전적인 모형에 바탕을 둔 기존의 백과사전식 방법론을 포기할 수밖에 없었다. 새로 발견된 내용 때문에 옛날의 목록이 쓸모없어졌기 때문이기도 하고, 아울러 새로 유입된 정보가 너무나 방대하여 (기존의 방식으로는) 정보를 완벽하게 정리하기가 아예 불가능했기 때문이었다.

신세계의 스페인 사람들—종교 교단의 구성원인 경우가 종종 있었다—은 그곳의 자생식물, 동물 및 의술을 수집하려고 노력했으며, 때로는 현지 학자들과 협력하여 삽화가 포함된 책을 쓰기도 했다. '신세계의 플리니우스'라는 별칭으로 불리기도 했던 호세 데 아코스타(1539~1600)는 예수회 사제로서 페루에 살면서 다섯 군데의 대학을 설립했을 뿐 아니라 라틴아메리카의 자연사를 저술했다. 이 책은 여러 언어로 번역되어 유럽에 널리 소개되었다. 1570년에 스페인 국왕 펠리페 2세는 주치의 프란치스코 에르난데스를 원정 보내서 신세계의 약용식물을 찾아오도록 했다. 에르난데스는 주로 멕시코에서 7년을 보내면서 식물 목록을 작성하고 원주민 치료사들에게 각 식물의 성질을 물었다. 그리고 현지의 화가들이 여섯 권짜리 삽화집인 『새로운 스페인의 동식물들』을 출간했다(이 책은 약 3000종의 식물과 수십 종의 동물을 설명하고 있다). 새로운 식물을 고전적인 분류 체계에 포함시킬 수가 없어 난감해하던 에르난데스는 현지 언어를 이용해 새로운 식물 분류법을 내놓기도 했다. 한편 프란체스코회 수사인 베르나르디노 데 사아군(1499~1590)은 멕시코의 틀라텔롤코에 있는 콜레지오 데 산타크루스에서 아즈텍인 조수들 및 정보원들과 함께 작업하여 『새로운 스페인의 풍물에 관한 전반적인 역사』를 출간했다. 아즈텍 문화, 관습, 사회, 언어를 스페인어와 나우아틀어로 설명한 전설적인 책이다. 스페인 본국에서는 의사인 니콜라스 모나르데스(1493~1588)가 신세계의 수십 종의 동식물을 설명한 책 『우리의 서인도에서 가져온 것들의 의학사』를 썼다. 가르시아 드 오르타(1501~68)와 크리스토방 다 코스타(1515~94)와 같은 포르투갈 학자들도 인도와 남아시아 및 동아시아에서 발견한 약용식물과 새로운 동물에 대해 알렸다.

새로운 약을 찾으려다보니 새로운 식물에 대한 연구가 촉진되었고, 그 결과 주로 의과대학 안에 식물원이 생겨났다. 약초밭은 중세 내내 수도원의 일부였는데, 새로운 식물원들은 그러한 전통을 바탕으로 삼았고 교육적이고 학문적인 목적에서 그런 전통을 더욱 확대시켰다. 초기의 식물원은 이탈리아에서 문을 열었다. 1540년대에 피사 대학과 파두아 대학에서, 그리고 1568년에 볼로냐 대학에서 식물원이 생겼다. 이와 더불어 약초학 교수직도 마련되었다. 다른 의학 교육 중심지도 뒤따라 생겨났다. 몇 가지만 언급하자면, 발렌시아(1567), 레이던(1577), 라이프치히(1579), 파리(1597), 몽펠리에(1598), 그리고 옥스퍼드(1621) 등이다. 이 식물원들은 엄격한 기준에 따라 구역이 배정되었고, 치료 특성, 형태 또는 지리적 기원 등에 따라 약초들을 구분해놓았다. 씨앗, 뿌리, 꺾꽂이 순, 구근도 연구와 교역과 교환의 대상이었기에 유럽 전역의 식물원들은 매우 많은 종류의 식물을 확보하게 되었다. 특이한 식물의 재배와 잡종에 대한 관심이 일반 시민에게까지 번져나갔는데, 그 결과 17세기에 유명한 '튤립광'들이 네덜란드에서 나타났다. 이 나라에서는 새로 생긴 부르주아의 재산이 희귀한 잡종 식물을 구입하는 데 흘러나갔으며, 화가들은 이국적인 꽃들을 정물화로 그려두었다.

이국적이고 진귀한 것에 대한 관심이 커지자 '골동품 보관소'(그림 15)에 온갖 종류의 자연사 표본들이 수집되었다. 박물관의 전조였던 이런 수집품들은 수집가의 권력, 부, 인맥 및 다양한 관심사를 자랑하기 위한 수단이면서, 또 한편으로는 온갖 진기한 자연물과 인공물에 대해 당대 사람들로 하여금 경이로움을 느끼도록 해주었다. 학자뿐 아니라 왕족과 귀족들도 자연물—식물 표본, 동물 표본, 광물 표본—과 인공물—기계 장치, 멋진 예술품과 공예품, 민속적이고 고고학적인 물건들—을 가리지 않고 방대한 수집품을 모았다. 울리세 알드로반디(1522~1605)는 초기에 그런 수집품을 모은 사람이었다(그의 수집품 중 일부는 지금도 볼로냐에 소장되어 있다). 그리고 아타나시우스 키르허의 안내로 콜레조 로마노에 있는 그의 박물관을 관람하는 일은, 17세기에 그 영원한 도시(로마)에 찾아온 방문객들에게는 '필수' 코스였다. 골동품 보관소 내에 물건들을 배치하는 방식은 물건들 사이의 관련성을 강조했는데, 그중 일부는 요즘 사람들로서는 생각하기 어려운 것이었다. 따라서 이런 보관소는 또다른 종류의 소우주였다. 자연물과 인공물이 하나의 공간 속에 압축된 이 소우주는, 만물이 서

15. 올레 보름의 골동품 보관소 광경. 『무세움.보르미아눔, 또는 코펜하겐에 있는 저자의 집에 소장된 국내외의 자연물과 인공물, 매우 희귀한 것들의 역사』(레이던, 1655)에 실렸다.

로 연결된 세계가 얼마나 다양하고 경이롭고 이국적인지를 잘 드러내주었다.

제 6 장

과학의 시대가 열리다

과학은 자연계에 관한 지식을 연구하고 축적하는 활동 이상의 것이다. 중세 후기부터 오늘날에 이르기까지 인류는 과학 지식을 점점 더 많이 사용함으로써 자연을 정복하고 변화시키며 오늘날 우리가 살아가는 새로운 세계를 창조했다. 그런 까닭에 오늘날의 세계는 어느 때보다도 더 자연계와 분리되고 말았다. 점점 더 많은 사람들이 기술로 만들어진 인공의 세계에 꼼짝없이 갇혀 살다보니, 우리의 삶이 그러한 인공물에 의존하고 있다는 사실도 그것이 고장났을 때에나 알아차린다. 이럴 때 우리는 마치 작물에 비가 내리지 않아 망연자실한 중세의 농부 같은 신세가 된다. 그러므로 우리는 자연계가 인공의 세계에 거추장스럽게 끼어들면 종종 깜짝 놀라는 반응을 보인다. 가령 태양 흑점의 폭발로 인공위성을 통한 통신이 두절될 때, 번개가 쳐서 전기가 끊길 때, 화산 분출로 항공교통이 중단될 때가 그렇다. 지난 몇 세기 동안 기술의 확산으로 인해 인류의 일상생활은 그야말로 급격하게 달라졌다. 이러한 기술의 급격한 발전은 과학 연구에 의존하기도 하고 동시에 과학 연구를 촉진시키기도 한다. 16세기와 17세기는 과학 연구와 지식을 당대의 문제와 요구를 해결하기 위해 사용한 특별한 전환기였다.

인공artifice의 세계

르네상스 시기 이탈리아에서는 야심찬 토목공사가 새로 일어나 자연과 도시의 풍경이 바뀌었다. 운하와 수도 시설은 새로운 지형을 요구했으며 마실 물과 교통로를 제공해주었다. 필리포 브루넬레스키(1377~1446)가 설계한 거대한 이중 지붕 돔을 얹은 대성당은 혁신적인 건축 기술로 피렌체의 스카이라인을 새로 그렸다. 새로운 도시 설계는 도시 생활을 중시한 인문주의자의 욕구를 채워주었고 지배 세력의 능력과 힘을 과시해주었으며, 새로운 축성 방식은 그들의 이익을 보호해주었다. 종종 그렇듯이 한 가지 새로운 기술은 다른 기술의 발전을 불러왔다. 15세기에 화약 사용 및 이동식 청동 대포의 생산이 증가되어 기술적인 면에서 전쟁의 양상이 달라지자 중세의 성은 무용지물이 되었다. 성 꼭대기의, 총안이 나 있는 흉벽은 대포의 표적이 되기에 안성맞춤이었다. 따라서 새로운 축성 시스템을 개발해야만 했다. 축성을 위한 새로운 설계 방법은 기하학적 원리를 바탕으로 했으며 귀족 교육의 표준으로 자리잡았다. 시급한 현실적인 요구와 지배 세력의 야심과 맞물리면서 처음에는 16세기 이탈리아에서, 그후로는 다른 여러 곳에서 학식 있는 공학자와 건축가 계급들이 등장했다. 이들은 아르키메데스와 비트루비우스와 같은 고대의 모범을 따라, 실용적 문제를 해결하기 위해 점점 더 수학적 원리와 해석에 관심을 기울였다. 몸에 밴 경험에 의존하는 장인과 실용적인 문제와는 거리가 멀었던 학자 사이에 위치한 이 신흥 계층은, 수학을 이용해 세계를 탐구하는 데 결정적인 바탕을 마련해주었다. 당시 점점 커져가던 그런 경향이야말로 과학혁명의 핵심적인 특징이었다. 레오나르도 다빈치(1452~1519)는 이러한 '중간' 계층에 속했던 대표적인 초기의 인물이었고, 16세기 중반에 군대 기술자로 지냈던 타르탈리아도 마찬가지다. 16세기 말에 갈릴레이는 학식 있는 공학자들로부터 영감을 얻었을 뿐만 아니라 그들의 방법론도 빌려왔다.

현실적인 필요성에다 고대의 문화를 모방하려 했던 인문주의자의 요구가 함께 작용하여 로마의 도시 풍경은 혁신적으로 바뀌었다. 교황이 후원한 프로젝트 덕분에 고대의 수도관과 하수도를 연구하여 새로 지었기 때문이다.

낡은 4세기 성베드로대성당을 허물고 거대한 대성당을 새로 지었는데, 이 건물은 오늘날에도 그 자리에 서 있다. 게다가 16세기 공학의 가장 눈부신 성과 중 하나는 바티칸 오벨리스크를 옮겨 세운 일이었다. 6층 건물 높이에다 무게는 360톤이 넘는 하나의 돌로 만들어진 이 오벨리스크는 원래 1세기에 로마인들이 세운 것이었다. 그러다가 1585년에 새로운 성베드로대성당이 세워지면서 오벨리스크의 자리를 침해하게 되자, 교황 식스투스 5세는 그 고대 이집트의 돌을 새로운 자리로 옮길 방안을 찾으라고 명령했다. 이리하여 세워진 지 1500년 만에 오벨리스크를 처음으로 옮기게 되었다. 이 프로젝트를 맡은 사람은 공학자 도메니코 폰타나(1543~1607)였다. 말 75마리와 사람 900명을 동원하고, 40대의 권양기, 15미터 짜리 지렛대 다섯 개, 그리고 13킬로미터 길이의 밧줄을 사용하여, 폰타나는 1586년 4월 30일에 (쇠로 만든 구조물에 감싸인) 그 돌기둥을 바닥으로부터 거뜬하게 들어올렸다. 그 작업은 너무나 중요했던지라 교황은 지렛대와 권양기가 최적으로 작동할 수 있도록 새로 완공된 대성당의 일부를 허물기까지 했다. 이어서 폰타나는 오벨리스크를 내려 운반대에 실은 다음에(그림 16), 둑길을 따라 이동시켜 현재 위치인 성베드로광장

16. 바티칸 오벨리스크를 옮기는 장면. 도메니코 폰타나의 『바티칸 오벨리스크의 이동』(로마, 1590)에 실렸다.

가운데에 다시 세웠다.

르네상스의 성취, 그리고 이를 뒷받침한 경제적 및 군사적 활동에는 재료가 필요했다. 따라서 1460년에서 1550년까지 광산업 붐이 일었다. 특히 광물자원이 가장 풍부했던 중부 유럽에서 가장 활발했다. 중세의 광산업은 대체로 소규모 작업으로, 지표면 근처에 묻힌 광물을 캐냈다. 하지만 근대 초기 유럽에서는 수요가 많아졌기에(무기와 대포를 위해 철과 구리가, 동전 주조를 위해 은과 금이 필요했다), 더욱 체계적이고 규모가 큰 광산업이 일어나면서 금속 제련 기술도 아울러 발전했다. 수직 통로가 더 깊어지고 채굴 규모도 더 커지자 기계화—풀무 및 암석 파쇄 장비를 가동하기 위한 수차, 갱도의 물을 빼내고 수직 통로를 환기시키기 위한 펌프—가 진척되었으며 노동력도 더욱 조직적으로 이용되었다. 아마도 광산업에 관한 가장 유명한 작가는 독일의 인문주의자이자 교육자인 게오르기우스 아그리콜라(1494~1555)일 것이다. 그는 광업 지식을 체계화하고 발전시키기 위해 노력했다. 또한 풍부한 삽화가 포함된 라틴어 논문집인 『금속에 관하여De Re Metallica』를 썼다. 이 책은 독일의 광산업을 고전문학과 결합시키고 금속학에 관한 라틴어 어휘를 만들어냄으로써 지저분한 사업으로 여겨지던 광산업을 고상한 학문의 영역으로 끌어올리려고 시도했다. 베인 나무들, 피어오르는 연기, 그리고 갱도에서 유출되어 지저분하게 흐르는 오염수 등이 아그라콜라의 삽화에 등장하는 것을 보면, 당시의 기술적 발전이 환경에 점점 더 큰 피해를 초래하면서 이루어졌음을 알 수 있다. 아마도 실제 광업 종사자에게 더욱 유용했던 것은 채굴 감독관 라자루스 에르커(1530?~94)가 쓴 독일어 책들이었을 것이다. 그의 책에는 광석 취급, 금속의 순도 분석, 그리고 화약의 핵심 성분인 초석을 포함하여 산과 염 등의 화학물질을 만드는 내용이 들어 있다. 16세기 중반에 이르자 이런 광산업 붐도 끝났다. 유럽의 광산이 고갈된 탓도 있었고, 신세계에서 저렴한 금속이 밀려들어오자 더이상 유럽의 광산업이 수지가 맞지 않는 까닭도 있었다.

신세계가 가져다준 희망은 지도 제작술과 항해술의 발달을 촉진시켰다. 중세 후기의 항해도, 즉 포르톨라노 해도는 특정한 지점들의 나침반 방향을 모아놓은 정보와 더불어 해안선만을 나타냈다. 이런 도표들은 지중해 내라든가 해안선을 따라 나아가는 비교적 짧은 여행에서는 유용했지만 대양을 가로지르는 항해에는 별 소용이 없었다. 프톨레마이오스가 2세기에 썼다가 이후 15세기에 재발견된 책인 『지리학』은 동서의 직선들과 남북의 직선들(각각 위도와 경도)로 이루어진 격자를 이용하여 지도를 제작하는 방법을 설명하고 있었다. 15세기 후반의 지도—가령 발트제뮐러의 지도—들은 이 방법을 채택하였고, 휘어진 위도선과 경도선이 극에서 수렴하게 그려졌다. 플랑드르의 지도 제작자인 헤라르뒤스 메르카토르(1512~94)는 지금 우리에게도 익숙한 메르카토르 투영법을 대중화시켰다. 여기에서는 평행한 경도선이 직선인 위도선과 직각으로 교차한다. 고위도에서는 대륙의 형태를 왜곡시키긴 하지만, 둥근 지구를 평면 지도에 투영시키는 이 방법은 (적어도 저위도에서는) 항해용으로 더 쉽게 이용할 수 있었기에 스페인의 우주지리학자와 항해자가 즐겨 사용했다.

나침반과 사분의(四分儀)—각각 방향과 위도를 재는 장치—가 중세 이래로 항해에 사용되었지만 경도를 결정할 믿을 만한 방법은 존재하지 않았다. 물론 배가 유럽 해역이나 육지가 보이는 곳을 항해할 때에는 큰 문제가 생기지 않았다. 하지만 대양을 가로지르는 여행은 정확한 경도 측정이 되지 않고서는 위험천만한 모험이었다. 위치를 정하려면 위도와 경도가 둘 다 필요했기에, 경도를 모른다는 것은 지도 제작자와 항해자들에게 심각한 문제였다. 따라서 경도를 정하는 방법은 당대의 가장 시급한 기술적인 과제였다. 서로 경쟁하던 해양국가들—스페인, 네덜란드, 프랑스, 영국—은 믿을 만한 방법을 고안해내는 사람을 찾고자 큰 상금을 내걸었다.

시간 읽기가 경도 측정의 열쇠였다. 두 장소 사이에 한 시간의 차이가 난다는 것은 두 곳이 15도의 경도만큼 떨어져 있다는 뜻이다(따라서 현대의 '시간대'도 대략 15도 간격이다). 하지만 떨어진 두 장소의 시간을 동시에 어떻게 알 수 있을까? 한 가지 방법을 들자면, 배의 출발 지점에서 시각을 맞춘 시계를 가져가서, 배가 어느 지점에 도착했을 때 거기서 해나 별로 측정한 시각을 그때 시계의 눈금이 가리키는 시각과 비교해볼 수 있다. 하지만 안타깝게도 근대 초기의 시계는 하루에 20분 정도 오차가 있기 십상이었다. 갈릴레이는 추가 흔들리는 폭과 무관하게 일정한 템포를 유지한다는 사실을 관찰함으로써 시간 측정의 새로운 장치에 대한 힌트를 얻었다. 그는 가택연금중에 이러한 추시계를 설계하기 시작했지만, 만드는 데 성공하지는 못했다. 그런데 네덜란드의 크리스티안 하위헌스가 1656년에 처음으로 추시계를 만들어 시간 측정의 정확성에 큰 진보를 이루었다. 적어도 육지에서 사용하는 시계에서는 그랬다. 하지만 흔들리는 배에서 추시계는 정확하게 작동하지 않았다. 그러자 하위헌스와 로버트 훅은 각자 스프링으로 작동하는 시계를 실험했는데, 이런 시계 또한 배 위에서는 충분하게 정확하지가 않았다. 하지만 스프링에 관한 연구 덕분에 훅은 스프링에 가하는 힘과 늘어나는 정도 사이의 관련성을 밝혀냈다. 이를 가리켜 오늘날에는 '훅의 법칙'이라고 한다. 마찬가지로 하위헌스의 연구 덕분에 단조화운동(평형점을 중심으로 양쪽 방향으로 반복해서 왕복하는 운동)의 법칙이 정교하게

다듬어질 수 있었다. (경도 문제 자체는 18세기에 가서야 해결되었다. 영국의 도구 제작자인 존 해리슨이 고안한 크로노미터를 사용한 덕분이었다. 이 혁신적인 시간 측정 도구는 바다에서도 정확한 시간을 잴 수 있었다.)

인공적인 시계의 대안은 천상의 시계였다. 한 기준점에서의 발생 시간을 계산할 수 있고 관찰자의 지점에서의 발생 시간과 비교할 수 있는 천체 현상이 그런 시계였다. 16세기의 스페인 우주지리학자들은 월식을 체계적으로 관찰하여 스페인 제국의 여러 식민지의 경도를 알아냈다. 그런데 월식은 항해에 이용하기에는 상당히 드물게 일어났다. 반면 목성이 거느린 네 개의 달은 월식이 훨씬 빈번했다. 예를 들어, 가장 안쪽 위성인 이오는 42시간마다 월식이 일어난다. 따라서 갈릴레이는 이 위성들을 이용해 시간을 측정하자고 제안했다. 천문학자 조반니 도메니코 카시니는 이 아이디어를 충분히 연구하여 1660년대에 이 위성들의 월식 시간표를 만들었다. 하지만 이번에도 이 체계는 육지에서만 통했다(덕분에 육지 지도의 오류를 고치는 데 유용하게 활용되었다). 그리고 움직이는 배에서 식 현상을 망원경으로 관측한다는 것은 비현실적이었다. 그럼에도 불구하고, 이 아이디어를 시험하는 중에 관찰자들은 일부 식 현상은 예상보다 몇 분 늦게 일어난다는 사실을 알아냈다. 이 차이는 목성이 지구에서 가장 멀어질 때 가장 커진다는 것을 알아차렸다. 이에 덴마크의 자연철학자 올라우스 뢰메르(1644~1710)는 빛의 속력이 유한함을 간파하고서(월식이 늦어진 까닭은 빛이 우주 공간을 가로질러 오는 데 시간이 걸리기 때문이라고 보았다) 빛의 속도를 대략적으로 측정할 수 있었다.

이런 몇몇 사례들은 기술과 과학이 서로 긴밀히 연결되어 있음을 잘 보여준다. 이 두 분야는 서로 북돋우고 발전시키는 사이다. '순수'과학과 '응용'과학이라는 개념은 17세기에는 도무지 적용되지 않는다. 과학혁명의 발전을 견인한 추진력이었던 실제적인 필요—그러한 필요가 군사적이든 경제적이든 산업적이든 의학적이든 또는 사회정치적이든 간에—의 중요성을 간과한다면, 당시에 실제로 일어난 상황을 올바르게 바라볼 수 없을 테다.

과학적 발견과 실제 응용의 관련성을 연구했던 대표적인 인물은 프랜시스 베이컨 경(1561~1626)이다. 그는 부유한 집안에서 태어나 법률가 교육을 받았고 의회 의원으로 선출되었고 베룰람 남작 작위를 얻었으며, 마침내는 영국 대법관 자리에 올랐다(나중에 뇌물 사건에 연루되어 해직되었다). 이처럼 베이컨은 거의 평생 권력의 중심부에 머물렀다. 따라서 권력 및 제국의 건설이라는 주제를 늘 마음속에 품고 있었다. 그는 자연철학적 지식은 이용되어야 한다고 역설했다. 그래야 국민과 국가의 이익에 이바지할 힘을 줄 수 있다고 보았다. 그는 당대의 자연철학이 쓸모없다고 여겼고(또는 그것을 희화화했고), 그 방법론과 목표가 틀렸으며, 자연철학자들이 말로만 떠들어댈 뿐 실제 연구를 등한시한다고 보았다. 사실 베이컨은 자연마법의 형이상학적 토대를 회의적으로 바라보긴 했지만, 기본적으로 자연마법을 칭송했다. '자연철학을 잡다한 사변에서 벗어나게 함으로써 중요한 실제적인 연구가 가능하도록' 만든다고 여겼기 때문이다. 자연철학은 사변적이 아니라 **실행적**이어야 했다. 그것은 무언가를 행하고 무언가를 만들고 인류에게 힘을 주어야 했다. 그는 인쇄술, 나침반, 화약 등 모든 기술적 성취가 인류 역사에 가장 큰 변화를 주는 힘이라고 여겼다. 따라서 베이컨은 다만 '과학, 예술, 인류의 모든 지식의 총체적인 재구성'을 요구했을 뿐이다.

베이컨이 바랐던 개혁의 핵심은 방법론이다. 그는 '자연사'의 집대성, 즉 저절로 일어나든 인위적인 실험(그의 표현에 따르면, 자연을 일상적인 과정에서 벗어나게 만드는 행위)의 결과로 일어나든 간에 온갖 현상들의 관찰 결과를 방대하게 수집하기를 옹호했다. 기본 재료가 충분히 모이고 나면 자연철학자들은 그 재료들을 서로 맞추어가면서 귀납을 통해 점점 더 보편적인 원리를 구성할 수 있다. 핵심적인 관건은 선부른 이론 구성, 편협한 추론, 그리고 지나치게 넓은 설명 체계를 피하는 것이었다. 좀더 일반적인 원리가 밝혀지고 나면 그것을 반드시 생산적으로 이용해야만 한다. 그렇긴 하지만, 베이컨은 맹목적인 공리주의를 옹호하지는 않았다. 실험은 결실(실제적인 응용)을 낳을 때만이 아니라 인류에게 빛을 줄 때에도 유용했다. 자연에 관한 참된 지식은 '창조주의 영광과 인류의 재산' 두 가지 모두에 이바지하는 것이라고 그는 여겼다. 베이컨은 자신의 목표가 영국을 강하게 만들고 확장시키는 것임을 분명히 밝히긴 했지만(그러나 엘리자베스 1세도 제임스 1세도, 개혁을 위해 국가가 지원해줄 것을 요청하는 베이컨의 건의를 들어주지 않았다), 넓게 보자면 그런 실제적 지식의 목표는 자연에 대한 인간의 지배권을 되찾는 것이었다. 『창세기』에 적힌, 신이 인간에게 부여했지만 아담의 타락으로 잃어버렸던 그 지배권을 회복하는 일이었다.

특히 베이컨은 자연철학의 방법과 목표뿐 아니라 이 분야의 제도적 및 사회적 구조까지도 고려하였다. 그의 주장에 의하면, 고독한 학문이라는 고루한 이상은 협동적이고 상호적인 활동으로 대체되어야 했다. 사실 그의 수집 프로그램에는 엄청난 일손이 필요했기에, 직접 수집 활동에 착수하긴 했지만 그다지 큰 결실을 맺지는 못했다. 생의 막바지에 이르렀을 때 그는 자연철학의 개혁이 가져올 향상된 사회를 전망하면서 『새로운 아틀란티스』(1626)라는 제목의 유토피아적 우화를 지었다. 이 이야기에는 벤살렘 섬이 나온다. 태평양에 위치한 평화롭고 여유로우며 자급자족적인 기독교 왕국이다. 이 섬나라가 행복한 것은 현명한 왕 때문이기도 하지만, 그보다는 솔로몬의 집이 더 큰 역할을 했다. 국가에서 지원하는 이 연구기관은 '사물의 원인과 비밀스러운 운동에 관한 지식을 찾는 일, 그리고 가능한 한 멀리 인간 제국의 경계를 확대시키는 활동'에 전념한다. 솔로몬의 집의 구성원들은 자연을 협동적으로 연구한다. 그렇기는 하지만 작업의 구분과 위계질서는 존재한다. 낮은 계층은 자료를 수집하고, 가운데 계층은 실험을 하고 연구 과정을 감독하며, 가장 높은 계층은 결과를 해석한다. 벤살렘에서 베이컨주의 자연철학자들은 존경받는 고위층을 이루며, 정부의 지원을 받고 사회와 국가에 이바지한다. 이러한 베이컨의 전망은, 유럽 전역의 많은 17세기 자연철학자들이 사회 안에서 지위 향상을 위한 협상을 벌일 때 든든한 뒷받침이 되었다.

과학협회의 탄생

오늘날 과학 연구는 많은 곳에서 진행되는데, 그중 일부는 솔로몬의 집과 비슷한 특징을 한 가지 이상 갖고 있다. 과학자들이 근무하는 장소는 대학 연구소, 정부 산하 연구소, 기업 연구소 및 독립적인 연구소이거나, 거대하고 독특한 도구들(가령 망원경이나 입자가속기)을 갖춘 곳이거나, 야외 장소 내지 야외 연구 거점 및 전초기지이거나, 동물원, 박물관 및 그 밖의 다양한 곳이다. 개별 과학자들은 전문 기관, 과학협회 및 아카데미, 연구팀, 서신 교환 연락망, 그리고 가장 최근에는 인터넷을 통해 무리를 이루고 있다. 과학 연구를 위한 재정은 정부의 연구 보조금, 기업의 연구개발 기금, 대학 연구비 및 독지가의 후원으로 얻는다. 이러한 세 가지 특징—물리적 장소, 사회적 공간, 후원—은 오늘날의 과학을 작동시키는 핵심 요소다. 과학혁명 동안에도 이런 특징들이 바탕이 되어 오늘날 우리가 아는 과학 시대가 열렸다. 17세기 내내, 그리고 18세기로 들어오자 차츰 자연철학자들의 활동은 더욱 체계화되었다. 개인들끼리 모여서 민간 협회를 구성했는데, 이것이 발전하여 국립과학아카데미가 생겼다. 서신을 통한 개인들끼리의 정보 교환은 차츰 인쇄된 학술지의 형태로 바뀌었다. 개인 재산으로 연구하던 아마추어들과 대학 기반의 자연철학자들의 연구 형태가 결합되면서 급료를 받는 과학 전문 직종이 처음으로 등장했다.

중세 후기에 자연철학적 탐구는 주로 대학과 수도원, 그리고 (이보다는 훨씬 덜했지만) 일부 왕족의 대저택에서 진행되었다. 이런 전통적인 연구 공간들은 16세기와 17세기에도 여전히 중요한 역할을 했지만 차츰 새로운 장소로 대체되었다. 르네상스의 인문주의운동에서 핵심적인 활동은 대학 외부에 학문 공동체를 마련하는 일이었다. 이 공동체 내에서 학자들은 성향이 비슷한 이들끼리 연구 내용을 공유했으며, 서로 학문적 성과를 인정하고 지지하고 비판했고, 가끔씩 후원을 얻기도 했다. 하지만 16세기 후반에 이르자 자연철학자들은 범위를 넓혀 최초의 과학협회를 마련했다. 초기의 그런 협회들은 이탈리아에서 생겨났다. 17세기에는 수십 곳이 세워져, 유럽에서 다른 어느 곳보다 이탈리아에 과학협회가 많이 있었다. 하지만 그중 다수는 지역에 국한되었고 단명했다.

초기의 협회들 가운데 대표적인 곳으로 린체이 아카데미(스라소니 아카데미)를 들 수 있다. 이 단체의 이름은 눈이 날카롭고 민첩한 스라소니의 속성을 암시한다. 페데리코 체시 공—당시 18세인 로마의 귀족—과 세 명의 동료들이 1603년에 로마에서 설립한 이 아카데미는 30년 동안 활동했다. 페데리코 체시가 아카데미를 설립한 까닭은, 자연의 탐구는 협력 작업이 필요한 복잡하고 손이 많이 가는 일이라고 믿었기 때문이다. 아카데미의 회원들은 소수였지만 자연마법사인 잠바티스타 델라 포르타, 갈릴레이, 닐스 스텐센, 그리고 나중에는 유럽의 과학 지식을 중국에 전해준 예수회 선교사인 요하네스 슈렉을 지지했다. 린체이 회원들은 자연철학의 모든 분야에 걸쳐 연구했는데, 독립적으로 연구할 때도 있고 협력해서 연구할 때도 있었다. 협력 연구의 대표적인 예로 『새로운 스페인에서 온 약품들의 보고(寶庫)』가 있다. 프란치스코 에르난데스가 멕시코 원정 때 작성한 원고를 스페인에서 이탈리아로 입수하여 책으로 엮은 것이다. 린체이 회원들은 의학에 관해 화학적 접근법을 새로 받아들였고, 갈릴레이의 연구를 지원했고(1613년에 갈릴레이의 『흑점에 대한 편지들』, 그리고 1623년에 『황금 계량자』가 린체이 아카데미의 원조하에 발간되었다), 현미경 연구도 수행했다. 하지만 페데리코 체시가 1630년에 이른 죽음을 맞는 바람에 지도자와 후원자를 동시에 잃은 린체이 아카데미는 곧 문을 닫고 말았다.

1657년에는 피렌체 메디치가의 대저택에 치멘토 아카데미가 설립되었다. 자연철학에 개인적인 관심이 있었던 레오폴도 데 메디치가 이 아카데미의 주요 설립자였다. 아카데미의 신조인 **프로반도 에 레프로반도**(Provando e reprovando, '검사와 재검사를 통하여')는 이 단체가 실험을 중시했음을 명확하게 보여준다. 메디치가의 대저택은 린체이 아카데미에는 없었던 공동 연구의 중심지를 마련해주었고, 아카데미 운영에 재정적인 후원을 아끼지 않았다. 많은 회원들은 갈릴레이의 추종자들이어서 그의 여러 연구 프로젝트와 방법을 계승했다. 이 밖에도 피렌체에 있던 이 아카데미의 회원들은 천문학과 생명과학에서부터 수학과 천문학에 이르기까지 광범위한 분야를 연구했다. 그리고 기압계와 온도계 같은 새로운 도구에 관한 연구와 성능 향상에 특별한 관심을 기울였다. 이 일에는 레오폴도도 직접 참여했다. 레디, 말피기, 보렐리, 그리고 다른 여러 훌륭한 이탈리아 자연철학자들의 연구가 치멘토 아카데미 안에서 이루어졌다. 그러나 회원들 사이에 불화가 생기고 여러 전문가들이 떠나고 급기야 레오폴도가 추기경에 임명되어 로마에서 많은 시간을 보내야 하는 상황이 생기자, 결국 치멘토 아카데미는 1667년에 문을 닫았다. 어쨌든 수십 년의 활동 기간 동안 이 아카데미는, 실험을 통해 자연을 연구하려고 한데 모인 자연철학자들의 자발적 협회의 대표적인 사례였다.

17세기 중반에 이르자 과학협회들이 알프스 북쪽으로 퍼져 나갔다. 1652년에는 독일의 의사 네 명이 아카데미아 나투라이 쿠리오소룸(academia naturae curiosorum)을 결성했다. 초기에 이 '자연 탐구자들의 아카데미'는 주로 의학과 화학 연구에 집중했다. 1662년에 발표된 이 아카데미의 규칙을 보면, 단체의 목표를 다음과 같이 선언하고 있다. "신의 영광을 드높이고 치료법을 개발하며 이로 인한 혜택을 우리 동료들에게 되돌린다." 이 아카데미는 급격히 성장하였다. 특이하게도 회원들이 독일어를 쓰는 지역에 넓게 퍼져 살았기에 정기적으로 한자리에 모이기 어려웠는데도, 이 아카데미는 그들을 사실상 하나로 이어주었다. 특히 회원들이 제출한 논문들을 묶어서 매년 발간하던 간행물이 큰 도움을 주었다. 1677년에는 신성로마제국의 황제 레오폴트 1세가 이 단체를 공식적으로 승인했다. 17세기에 설립된 이 단체는 이후 의학과 생명과학의 범위를 넘어서 영역을 확장해 발전에 발전을 거듭해온 결과, 현재는 독일 레오폴디나 국립과학아카데미가 되었다.

1650년대의 옥스퍼드 대학에서는 '실험철학 클럽'이라고 알려진 단체가 워덤 칼리지에서 모여 자연철학을 논의하고 기계 장치로 실험을 하고 해부와 공개 시연을 참관했다. 크리스토퍼 렌과 로버트 훅이 이 모임의 초기 회원이었는데, 여기에 로버트 보일 및 17세기 영국의 다른 저명인사들이 가세했다. 1660년 찰스 2세의 왕정복고가 일어난 다음에는 이 클럽의 여러 회원들이 다른 참여자들과 모여서 더욱 공식적인 단체 규칙을 마련했다. 그리고 1662년에는 왕의 승인을 얻어 '자연 지식의 향상을 위한 런던왕립협회'로 새롭게 태어났다. 오늘날까지 줄곧 이어지고 있는 이 왕립협회는 과학협회의 발전 단계에서 새로운 장을 열었다고 할 수 있다. (왕립협회와도 서신 교환을 했던) 치멘토 아카데미와 마찬가지로, 실험의 공동 실행이 중심적인 활동이긴 했지만, 왕립협회는 더 폭넓고 더 공식적인 활동을 하는 조직으로 기획되었다. 200명 이상의 회원이 곧 선임되었는데, 대다수가 영국 귀족이었다는 사실은 지적인 공헌보다는 재정적인 지원을 염두에 둔 선택임을 말해준다. 베이컨과 그의 지침을 모범으로 명시한 데서 알 수 있듯이 왕립협회는 대중적이고 사회적인 목표를 천명했다. 사실상 왕립협회는 솔로몬의 집을 실현하기 위한 시도라고 볼 수 있었다. 초기 회원들 다수는 내전 기간 동안 저마다 유토피아적이거나 교육적인, 또는 사업과 관련된 계획을 품고 있었기에, 이런 목표를 왕립협회를 통해 실현시키려고 했다. 그들은 분파적이고 정치적인 활동을 엄격히 금했으며, 내전 기간 동안에 횡행했던 분열을 극복할 바탕을 자연철학 안에서 찾기를 희망했다.

회원들은 런던의 그레셤 칼리지에서 정기적으로 만나 실험을 실시하고 새로운 연구 결과 및 관찰 결과를 발표했다. 당대의 (그리고 이후의) 거의 모든 훌륭한 영국 자연철학자들이 회원이었다. 곧이어 협회의 회원 자격을 확보할 기회가 영국 국경을 넘어 다른 나라 국민들에게도 주어졌다. 지금과 마찬가지로 당시에도 왕립협회 회원으로 선출되면 상당한 특권을 누렸다. 이 협회 초기에 있었던 가장 중요한 혁신은, 최초의 과학 학술지인 〈필로소피컬 트랜잭션스Philosophical Transactions〉가 협회의 사무국장이던 헨리 올덴버그에 의해 1665년 창간된 일일 것이다. 처음에는 올덴버그의 개인적인 활동으로 시작되었지만(그는 구독자를 모아 생계를 꾸리겠다는 헛된 희망을 품었다), 곧 이 학술지는 왕립협회의 공식 발간물로 자리잡았다. 올덴버그는 폭넓게 서신 교환을 지속했는데(그 결과 한때 스파이로 몰려 투옥되기도 했다), 그 덕분에 과학계의 연구 동향을 전 유럽에 알릴 수 있었다. 『필로소피컬 트랜잭션스』는 왕립협회의 활동뿐 아니라 해외의 소식 및 과학 서간까지 발표했으며 아울러 책에 대한 논평도 실었다. 주로 영국에서 발간되긴 했지만 이 학술지는 유럽 과학계의 핵심적인 매체로 자리잡았다. 관찰 결과를 발표하고 새로운 발견 내용을 알리고 우선권을 정하고 토론을 이끄는 중요한 수단이 바로 이 잡지였다. 빛과 광학에 관한 뉴턴의 논문, 그리고 그가 새로 만든 망원경도 여기서 발표되었으며, 레이우엔훅의 현미경 관찰 결과도 네덜란드에서 우편으로 건너와 이 매체를 통해 발표되었다. 이탈리아에서 보내온 말피기의 해부학 연구 결과도 마찬가지였다. 혜성에 관한 논쟁이 기형아 출산 소식과 함께 실렸으며, 보일이 비교적 간략하게 알릴 내용이 있으면 언제나 이 매체를 통해 알렸다.

의욕에 넘치는 단체이긴 했지만, 왕립협회도 초기의 과학 협회들이라면 어디나 겪는 문제들로 시달렸다. 핵심 회원들의 이탈, 재정적인 어려움, 그리고 후원의 부족이 골칫거리였다. 그런 까닭에 여러 원대한 계획이 수포로 돌아갔다. 다수의 회원들은 활동이 굼떴고, 회비를 가끔씩만 내거나 아예 내지 않았고, 왕이 협회에 해준 선물이라고는 이름에 붙여준 '왕립'이라는 형용사가 고작이었다. 상업의 발달을 위한 베이컨주의적인 프로젝트는 상업 종사자들이 전문적인 노하우 공유를 꺼리는 바람에 흐지부지되었다. 자연철학 분야 바깥의 영국인들이 보인 반응도 나을 게 없었다. 왕립협회와 회원들 및 활동 사항을 비웃는 토머스 섀드웰의 희극 『비르투오소』(1676)가 무대에 올랐으며, 공공의 이익을 주장했던 협회의 태도는 조너선 스위프트의 『걸리버 여행기』(1726)의 '라퓨타 여행' 편에서 신랄한 조롱을 받았다. 올덴버그가 1677년에 세상을 떠나자 『필로소피컬 트랜잭션스』도 당분간 휴간했으며, 1691년에는 로버트 보일이 세상을 떠나면서 협회는 가장 적극적이고 너그러운 회원 한 명을 잃고 말았다. 1672년부터 회원이었던 뉴턴이 1703년에 협회의 회장을 맡았다. 이때부터 그는 영국의 가장 저명한 자연철학자로 인정받았다. 뉴턴의 유명세는 조직에 새로운 생명력을 불어넣었지만, 그가 자신의 위상을 드높일 연구에 우호적인 성향을 보인 탓에, 이전에는 폭넓었던 협회의 활동은 좁아졌다. 그럼에도 불구하고 왕립협회는 18세기 중반에는 확고하게 자리를 잡았고 이후로 줄곧 명성을 이어갔다.

상향식으로 세워진 왕립협회와 달리 파리의 왕립과학아카데미는 하향식으로 설립되었다. 이 아카데미는 루이 14세의 재무장관이었던 장 바티스트 콜베르의 기획에 따른 산물이었다. 콜베르는 태양왕이 예술과 과학의 후원자가 됨으로써 그 영광을 한층 드높이고 아울러 과학활동을 국가에 도움이 되는 방식으로 중앙집권화하고자 했다. 루이 14세의 장기 집권 당시 프랑스가 전반적으로 추진했던 중앙집권화 과정의 일부였던 셈이다. 과학아카데미는 1666년에 스무 명의 회원이 첫 모임을 가졌고, 회장은 네덜란드에서 모셔온 크리스티안 하위헌스가 맡았다. 그들은 왕의 도서관에서 매주 두 번 모였는데, 협력해서 연구를 하기로 되어 있었고(하지만 늘 순조롭게 진행되지는 않았다), 급여 및 연구에 대한 기타 지원을 받았다. 프랑스인들은 베이컨의 동포들보다 훨씬 더 그의 전망을 잘 이해했다. 왕실의 재정 지원에 대한 보답으로 아카데미 회원들은 국가적 문제에 대한 과학적 해답을 찾을 것으로 기대를 모았다. 가장 많은 급여를 받은 두 회원인 하위헌스와 카시니가 경도라는 중요한 문제를 연구하던 중에 프랑스로 오게 된 것은 결코 우연이 아니었다. 회원들은 또한 베르사유 및 프랑스 전역의 수질을 검사했고, 새로운 프로젝트와 발명품을 평가했고, 책과 특허를 검토했고, 왕실 및 그 밖의 인쇄기에 생긴 기술적 문제점을 해결했으며, 프랑스 지형을 처음으로 정확히 조사했다. 마지막 프로젝트에서 아카데미는 프랑스의 영토가 생각했던 것보다 작음을 알아냈다. 그러자 루이 14세는 자신의 모든 적들이 실패한 일, 즉 프랑스 왕국의 크기를 줄이는 일에 아카데미 회원들이 성공했노라고 빈정거렸다고 한다. 이처럼 국가에 봉사하긴 했지만, 아카데미 회원들은 다른 연구에도 많은 시간을 할애했다. 특히 회원들끼리 여러 가지 대규모 공동 연구 프로젝트를 진행했다. 동식물에 관한 광범위한 자연사 연구가 그 예다(그림 17).

또한 왕실의 후원 덕분에 아카데미 회원들에게는 화학실험실, 식물원 등의 연구 장소가 제공되었다. 그리고 (당시로서는) 파리 외곽에 천문대가 마련되었다. 1672년에 완공된 파리 천문대는 처음에는 아카데미 전체를 위한 본거지로 예정되었지만, 천문학자들만의 공간으로 바뀌었다. 천문학자 조반니 도메니코 카시니는 아카데미측의 권유로 이탈리아를 떠나 파리로 왔다. 거주할 건물이 다 지어지기 전에 온 카시니는 천문대에서 임시로 생활하기도 했다. 그는 고액의 급료를 받으며 이 새로운 천문대를 진두지휘했다. 카시니, 그리고 이후 3대의 후계자에 걸쳐 파리 천문대는 유럽에서 으뜸가는 천문기관으로 자리잡았다. 파리 천문대의 남북 중심선은 2세기 동안 지구의 본초자오선으로 정해져 경도 계산의 기점이 되었다. 하지만 본초자오선은 1884년에 영국의 그리니치를 지나는 선으로 바뀌고 만다. (그리니치의 왕립천문대는 파리 천문대가 설립된 직후인 1675년에 세워졌다. 왕립천문대는 특별히 '항해술과 천문학에 완전한 정보를 제공하고자 장소의 경도를 알아내기 위한' 목적으

17. 파리의 왕립과학아카데미 회원들이 해부를 하고 있는 모습. 서기(장 바티스트 두아멜)가 관찰 기록을 남기고 있고 한 무리의 아카데미 회원들이 토론을 벌이고 있다. 창밖으로는 자르댕 뒤 루아(왕의 정원)가 보인다. 『동물의 자연사에 관한 연구 논문집』(헤이그, 1731; 초판은 파리, 1671)에 실렸다.

로 세워졌다.) 또한 왕실의 재정 지원 덕분에 파리의 과학아카데미는 과학 원정대를 해외로 보낼 수 있었다. 천문 관찰을 위해 남아메리카의 가이아나, 캐나다 동부의 노바스코샤, 그리고 덴마크에 원정을 갔고, 식물 표본을 수집하기 위해 그리스와 레반트에 갔다. 그리고 유명한 사례로는, 18세기 초반에 남아메리카와 (유럽 최북단 지역인) 라플란드에 가서, 지구의 정확한 형태에 관한 데카르트와 뉴턴의 예측을 검증하기 위한 관찰 및 측량 작업을 벌인 일을 들 수 있다. 또한 예수회 소속 사제들이 시암(지금의 태국), 중국 및 기타 지역에서 보내온 관찰 자료들을 수집하고 발간했으며, (영국과 프랑스가 전쟁을 벌일 때에도) 왕립협회의 회원들 및 유럽 전역의 다른 학자들과도 광범위하게 서신 교환을 했다.

아카데미 바깥의 과학 단체들

1700년 이후 과학 아카데미는 전 유럽으로 퍼졌다. 볼로냐, 웁살라, 베를린, 상트페테르부르크, 프랑스의 지역 중심지들, 그리고 심지어 북아메리카 식민지인 필라델피아에도 과학 아카데미가 생겼다. 이곳들은 국가적 자긍심과 성취의 상징이 되었다. 하지만 아카데미는 과학계의 발전을 보여주는 한 가지 사례일 뿐이었다. 과학 아카데미와 더불어, 훨씬 비공식적이지만 종종 과학 아카데미 못지않게 중요한 역할을 하는 사교적 모임들이 생겨났다. 파리에서는 왕립과학아카데미의 뒤를 이어 자연철학 **살롱**들이 개인 주택이나 대중적인 건물에 생겼는데, 여기서 자연철학에 관심 있는 사람들이 모여 대화를 나누거나 주최자의 주관하에 토론을 벌였다. 이런 곳들이 생겨났다는 것은, 자연철학의 발전이 대중의 관심을 얻었고 당시에 일종의 사회적 현상이 되어가고 있음을 의미했다. 런던에서는 17세기 후반에 생겨나기 시작한 커피하우스들이 만남과 토론의 자리를 마련해주었다. 거기서 사람들은 자연철학 주제를 포함해 여러 사안에 대해 논의했다. 대중의 관심이 더욱 커지자 18세기 초반에는 공개 시연자들이 등장했다. 자연철학자와 공연자를 겸한 이들은 이국적인 장치나 화려한 볼거리로 (입장료를 낸) 일반인들에게 오락과 교육을 함께 선사했다.

아카데미보다 눈에 덜 띄긴 했지만, 과학사에서 그만큼이나 중요했던 것은 서신 교환 연락망이었다. 각자 이 연락망을 통해 의사소통이 가능했다. 자연철학자들은 사적으로 편지, 원고, 그리고 새로 출간된 책을 교환했다. 편지는 프라이버시가 보장되었기에 유행과 무관한 급진적으로 새로운 사상을 교환할 수 있었다. 따라서 17세기 내내 유럽에서는 주로 이러한 서신 교환을 통해 사상의 은밀한 교류가 이루어졌다. (르네상스 인문주의자들의 표현대로) 이러한 보이지 않는 '편지들의 공화국'은 국가와 언어와 종교를 막론하고 성향이 비슷한 사상가들을 한데 모았으며, 멀리 떨어진 거리를 단축해주었다. 그러한 서신 교환 연락망의 구축은 정보 제공자라고 알려진 이들 덕분에 더욱 발전했다. 그들은 편지를 접수하고 정보를 체계적으로 엮어서 관심 있는 당사자들에게 전달했고, 아울러 후속 연구 결과도 보냈다. 일거리가 많은 정보 제공자의 서신 교환 분량은 엄청나게 많았다. 니콜라클로드 파브리 드 페이레스크(1580~1637)는 가상디를 격려하여 갈릴레이의 사상을 프랑스에 전파시킨 사람으로서, 약 500명과 서신을 주고받았으며 1만 통 이상의 편지를 남겼다. 페이레스크와 서신을 주고받은 사람 중 한 명인 미님회의 수사 마랭 메르센(1588~1648) 역시 연락망의 중추적인 인물이었다. 그는 파리의 한 수도원에 살면서 편지들을 받아서 데카르트와 갈릴레이 등의 연구 결과를 전 유럽의 연락망을 통해 전했다.

영국에서는 30년전쟁을 피해 온 프로이센 유민인 새뮤얼 하트리브(1600?~62)가 유럽의 모든 개신교 국가와 북아메리카를 잇는 서신 연락망을 구축했다. 하트리브는 베이컨주의의 방식에 따라 교육, 농업, 산업을 개혁하기 위한 유토피아적이고 공리주의적인 사상에 이끌려 이런 활동을 했지만, 아울러 그의 활동은 종교적인 믿음에 따른 것이기도 했다. 특히 개신교도의 '지상천국'을 영국에 세운다는 이른바 천년왕국의 희망에 부풀어 있었다. 그가 교류한 사람들에는 사업가, 도덕주의자, 자연철학자, 신학자, 공학자 등이 포함되어 있었고, 그의 프로젝트는 기술전문대학 설립에서부터 양조업에 이르기까지 다양했다. 아카데미들도 이러한 서신 교환 연락망의 접점 역할을 했으며, 학술지들—〈필로소피컬 트랜잭션스〉, 〈지식인의 잡지Journal des Sçavans〉, 그후 발간된 여러 근대적인 학술지—은 학술 교류의 내용을 인쇄해서 발표하는 공식적인 수단으로 여겨졌다.

17세기에 과학 아카데미들이 설립되고 과학을 기술에 응용하는 경향이 더욱 커지자, 이후 세기부터는 과학 연구의 전문화가 진전되었고 '아마추어' 자연철학자들도 차츰 사라졌다. 그리고 과학적 지식과 방법론을 실용적인 문제에 적용할 수 있는 학식 있고 믿을 만한 사람들이 더 많이 필요해지면서, 더욱 공식적이고 엄밀한 대학의 교육과정이 마련되었다. 이로 인해 과학적 개념과 방법론은 이전보다 훨씬 더 표준화되었다. 이러한 과정이 축적되어 19세기부터는 '과학'이 하나의 직업 분야가 되었고 '과학자'는 훌륭한 사회 계층 및 직업 계층으로 인식되었다(이는 베이컨이 『새로운 아틀란티스』에서 묘사한 내용과 어느 정도 맞아떨어졌다). 그리하여 근대 초기 세계는 차츰 과학과 기술이 중심이 되는 근대적인 세계로 변모해갔다.

이러한 변화는 천천히, 그리고 복잡한 과정을 따라 일어났는데, 그 내용은 이 책에서 다루지 않겠다. 아무튼 과거의 인물들이 선택했던 길과 다른 방향을 결정하게 된 계기, 그런 결정에 영향을 미쳤을 당시의 사상과 필요성, 그리고 그러한 의도를 실현하게 만들거나 좌절시켰을지 모를 사건들은 결코 명백하지도, 미리 예정되어 있지도 않았다. 자연계의 현실이 늘 그렇듯이, 인간이 자연계를 표현하고 개념화하고 이용하는 방식 또한 명확하게 정해져 있지 않았다고 보아야 할 것이다. 어쨌거나 우리가 걷게 된 특정한 역사적 경로 덕분에 우리는 과학과 기술의 세계로 성큼 들어섰다. 이 세계는 자연마법의 가장 열렬한 옹호자들조차 깜짝 놀라게 만들 경이로움으로 가득차 있다. 하지만 아직도 문제점이 없는 세계는 아니다. 우리가 아직 해결하지 못한 문제들과 우리가 자초하고 있는 문제들이 가득하기 때문이다. 부러울 정도로 자연 지식이 축적되어 있는 오늘날이건만, 지혜롭고 평화로우며 조화롭게 사는 벤살렘 섬은 아직도 우리에겐 요원해 보인다. 하지만 그곳이 우리에게 주는 영감의 샘물은 결코 마르지 않을 것이다.

맺는말

근대 초기 자연철학자들이 남긴 거의 모든 문헌과 기록에는 그들이 탐구하고 발명하고 기록하고 측정하고 수집하고 조직하고 배우려 했던 열정이 고스란히 담겨 있다. 세상에 알리고 인정받고자 그들이 앞다투어 내놓은 숱한 이론, 설명, 세계관은 다양한 운명을 맞았다. 다양한 근대 초기 개념과 발견들—코페르니쿠스의 지동설, 하비의 혈액순환 이론, 뉴턴의 만유인력의 법칙—은 오늘날 우리가 세계를 이해하는 방식의 토대를 이루었다. 원자론, 그리고 우주의 크기 추산과 같은 다른 개념들도 후대의 과학 연구를 통해 차츰 갱신되고 정교하게 다듬어졌다. 그리고 데카르트의 소용돌이 이론이나 자력에 대한 기계론적 설명과 같은 일부 개념들은 역사의 뒤안길로 사라졌다.

오늘날의 과학은 근대 초기 자연철학자들이 내놓은 여러 주제—그중 일부는 중세부터, 심지어는 고대부터 이어져온 것들이다—를 여전히 탐구하고 있다. 가상디, 데카르트, 판 헬몬트와 마찬가지로 현대의 물리학자들은 물질의 궁극 입자를 여전히 찾고 있으며, 이런 보이지 않는 우주의 조각들이 결합하고 상호작용하여 세계를 이루는 방식에 관해 탐구하고 있다. 케플러, 카시니, 리치올리와 마찬가지로 현대의 천문학자들도 하늘을 살피며 천체의 지도를 작성하고 있다. 그리고 튀코, 갈릴레이, 헤벨리우스의 사분의와 망원경에 비해 훨씬 다양하고 성능이 뛰어난 도구를 활용해 새로운 천체와 현상을 찾아내고 있다. 에르난데스와 다 코스타처럼 새로운 스페인의 탐구자들을 계승한 과학 후예들도 존재한다. 이들은 지금도 정글과 사막의 동식물로부터 신약을 찾고 있으며, 깊은 해구나 머나먼 곳에서 새로운 생명체를 조사하고 있다. 파라셀수스주의자 및 연금술사의 뒤를 이은 현대의 화학자들은 자연의 물질을 변화시키고 향상시켜 새로운 물질을 창조하고 있으며, 물질의 변화를 이해하고자 했던 보일, 그리고 인류 생활에 유용한 혜택을 주고자 했던 베이컨의 갈망을 실현시키려고 노력하고 있다. 베살리우스, 말피기, 레이우엔훅처럼, 현대의 생물학자와 의사는 새로운 도구를 이용해 동물과 인간의 몸을 연구하여 훨씬 더 미세한 구조와 더욱 놀라운 메커니즘을 밝혀내고 있다. 시장에 출시되는 온갖 새로운 전자장치들은 경이로운 과학 지식이 기술과 얼마나 밀접하게 연결되어 있는지를 새삼 드러내준다.

이처럼 과거와 현재가 연속선상에서 이어져 있기도 하지만, 또한 많은 것들이 달라지기도 했다. 근대 초기 자연철학자들이 자연의 책을 연구하게 된 동기—피조물 속에 깃든 창조주의 메시지를 찾는 일—였던 깊은 종교적 신념은, 오늘날에는 더이상 과학 연구의 주요한 동력이 아니다. 인류 지성의 긴 역사에 대한 지속적인 관심, 그리고 오랫동안 축적된 자연에 대한 탐구의 연장선상에서 자신들의 연구를 바라보던 학자들의 태도는 요즈음 대체로 사라졌다. 오늘날에는 코페르니쿠스의 사상을 담은 교재에 '아리스토텔레스에 대한 보충 교재'라는 부제를 달았던 케플러 같은 과학자나, 중력의 이유를 찾으면서 고대 문헌에서 답을 찾으려고 했던 뉴턴 같은 과학자는 거의 없다. 긴밀히 연결된 우주라는 당시의 세계관은, 이후 의미와 목적에 관한 질문을 배제하게 되면서 무너져갔다. 좁은 관점과 목표, 그리고 객관적인 해석을 중시하게 되자 근대 초기 사상에 근본적이었던 비유와 은유는 더이상 설 자리가 없어진 것이다. 폭넓은 사고, 활동, 경험, 지식을 뽐내던 자연철학자는 어느덧 특정 분야에 국한된 전문적인 과학자로 대체되었다. 그 결과, 과학의 영역은 인류 문화의 더 넓은 풍경과 분리되고 말았다. 근대 초기의 광범위한 세계관을 잃어버렸기에 지금 우리는 정신적으로 더 빈곤해졌다. 비록 근현대의 과학기술 발전이 우리에게 놀라운 물질적 및 지적 풍요로움을 안겨다주었음을 인정할 수밖에 없기는 하지만 말이다.

과학혁명은 연속성과 변화, 혁신과 전통이 함께 존재하는 시기였다. 근대 초기 자연철학자들은 출신지도 유럽 각지로 저마다 달랐고, 종파도, 사회적 배경도 천차만별이었다. 성향도 선동적인 혁신가로부터 조심스레 전통을 따르자는 이들까지 다양했다. 이런 각양각색의 인물들이 함께 어우러져 지식, 제도, 방법론을 전반적으로 발전시켰다. 이런 중요한 발전 덕분에 오늘날 전 인류의 삶에 직접적으로 영향을 미치는 과학의 시대가 펼쳐진 것이다. 당시의 자연철학자들이 간절히 알고 싶어했던 많은 것들을 현재의 우리는 알려줄 수 있을 것이고, 그들 또한 우리가 간절히 듣고 싶어하는 내용을 알려줄 수 있을 것이다. 그들의 시대는 우리에게 친숙하면서도 낯설고, 우리의 것과 비슷하면서도 동시에 놀랍도록 다르다. 그러므로 다양한 측면들이 복잡하게 얽혀 있던 근대 초기야말로 전체 과학사에서 가장 매력적이고도 중요한 시기임이 분명하다.

감사의 말

이 책의 원고를 전부 또는 일부나마 읽고 비평해준 나의 친구와 동료들에게 감사드리고 싶다. 그리고 과학혁명을 아주 간결한 형태로 압축한다는 벅찬 과제에 대해 나와 함께 논의하고, 아울러 나의 볼멘소리를 들어준 모든 이들에게도 감사드린다. 특히 패트릭 J. 보너, H. 플로리스 코언, K. D. 쿤츠, 마거릿 J. 오슬러, 잔나 포마타, 마리아 포르투온도, 마이클 생크, 그리고 제임스 푈켈에게 감사드린다. 또한 이 책의 삽화를 제공해준 분들께도 감사드리고 싶다. 케미컬 헤리티지 재단의 제임스 푈켈, 존스 홉킨스 대학 셰리든 도서관 특별 소장실의 얼 헤이븐스와 그의 동료들, 그리고 코넬 대학 크록 도서관 희귀 도서 및 원고 소장실의 데이비드 W. 코슨과 그의 동료들에게 감사를 전한다.

특히 이 자리를 빌려, 내 친구이자 동료인 매기 오슬러와 나눈 추억을 떠올리고 싶다. 우리는 싱글 몰트 스카치 위스키를 함께 마시며, 근대 초기 역사를 어떻게 쓸 것인지를 놓고 수많은 대화를 나누었다. 그녀가 일찍 생을 마감한 탓에 이 세상은 빈약하고 지루한 곳이 되고 말았다. 이 책을 그녀에게 바친다.

참고문헌

제1장

Edward Grant, *The Foundations of Modern Science in the Middle Ages* (Cambridge: Cambridge University Press, 1996), p. 174

제2장

Giambattista della Porta, *Natural Magick* (London, 1658; reprint edn. New York: Basic Books, 1957), pp. 1–4

제3장

Nicholas Copernicus, *De revolutionibus* (Nuremberg,1543),Schönberg's letter, fol. ii*r*; God's artisanship, fol. iii*v*; Osiander's 'preface', fols. i*v*–ii*r* (나의 번역서). 완전한 영어판은 다음과 같다. Copernicus, *On the Revolutions*, tr. Edward Rosen (Baltimore: Johns Hopkins University Press, 1992) 〔민영기·최원재 옮김, 『천체의 회전에 관하여』(서해문집, 1998)〕

J. E. McGuire and P. M. Rattansi, 'Newton and the "Pipes of Pan"', *Notes and Records of the Royal Society*, 21 (1966): 108–43, on p. 126

제4장

Athanasius Kircher, *Mundus subterraneus* (Amsterdam, 1665), preface.

Galileo Galilei, *Il Saggiatore* [*The Assayer*], in *The Controversy on the Comets of 1618* (Philadelphia: University of Pennsylvania Press, 1960), pp. 183–4

제6장

The Works of Francis Bacon, ed. James Spedding, Robert L. Ellis, and Douglas D. Heath, 14 vols (London: 1857–74), 4:8, 3:294, 3:164

독서안내

이 책보다 더 자세하게 과학혁명을 살핀 훌륭한 책들이 여럿 있는데, 아래와 같다. Peter Dear, *Revolutionizing the Sciences: European Knowledge and Its Ambitions, 1500-1700*, 2nd edn. (Princeton: Princeton University Press, 2009)〔정원 옮김, 『과학혁명: 유럽의 지식과 야망, 1500~1700』(뿌리와이파리, 2011)〕; John Henry, *The Scientific Revolution and the Origins of Modern Science*, 2nd edn. (Basingstoke: Palgrave, 2002); and Margaret J. Osler, *Reconfiguring the World: Nature, God, and Human Understanding from the Middle Ages to Early Modern Europe* (Baltimore: Johns Hopkins University Press, 2010). 마지막 책은 근대 초기 과학사상을 전문적으로 자세히 다루고 있다는 점에서 특히 훌륭하다.

유용한 참고문헌으로는 다음을 꼽을 수 있다. Wilbur Applebaum's *Encyclopedia of the Scientific Revolution* (New York: Garland, 2000) 이 책은 수백 가지 주제에 관한 간결하면서도 권위 있는 글들이 가득하다.

제1장 새로운 세계와 낡은 세계

중세(그리고 고대)에 관한 배경지식은 다음 책에서 얻을 수 있다. David C. Lindberg, *The Beginnings of Western Science*, 2nd edn.

(Chicago: University of Chicago Press, 2007) [이종흡 옮김, 『서양과학의 기원들』 (나남, 2009)].

중세 시대의 항해를 재미있게 서술한 책은 다음과 같다. J. R. S. Phillips, *The Medieval Expansion of Europe*, 2nd edn. (Oxford: Clarendon Press, 1998).

르네상스 인문주의에 관해서는 다음 책을 보기 바란다. Anthony Grafton with April Shelford and Nancy Siraisi, *New Worlds, Ancient Texts: The Power of Tradition and the Shock of Discovery* (Cambridge, MA: Harvard University Press, 1992); and Jill Kraye (ed.), Cambridge Companion to Renaissance Humanism (Cambridge: Cambridge University Press, 1999).

이 장에 나오는 다른 사안들은 다음 책을 보기 바란다. Elizabeth Eisenstein, *The Printing Press as an Agent of Change* (Cambridge: Cambridge University Press, 1979); Peter Marshall, *The Reformation: A Very Short Introduction* (Oxford: Oxford University Press, 2009); and Anthony Pagden, *European Encounters with the New World from the Renaissance to Romanticism* (New Haven: Yale University Press, 1993).

제2장 연결된 세계

자연마법, 그리고 과학사에서 자연마법의 위상에 관해서는 다음을 보기 바란다. John Henry, 'The Fragmentation of Renaissance Occultism and the Decline of Magic', *History of Science*, 46 (2008): 1-48.

연결된 세계관에 대한 배경지식을 얻으려면 다음을 보기 바란다. Brian Copenhaver 'Natural Magic, Hermetism, and Occultism in Early Modern Science', pp. 261-301 in David C. Lindberg and Robert S. Westman (eds.), *Reappraisals of the Scientific Revolution* (Cambridge: Cambridge University Press, 1990).

다양한 종류의 마기아에 관한 설명은 다음을 보기 바란다. D. P. Walker, *Spiritual and Demonic Magic: Ficino to Campanella* (University Park, PA: Pennsylvania State University Press, 1995).

과학에서 종교가 차지하는 역할에 관한 현대의 널리 퍼진 편견을 바로잡으려면 매우 읽기 쉬운 다음 책을 보기 바란다. Ronald Numbers (ed.), *Galileo Goes to Jail and Other Myths about Science and Religion* (Cambridge, MA: Harvard University Press, 2009)[김정은 옮김, 『과학과 종교는 적인가 동지인가』(뜨인돌출판사, 2010)]. 이 주제를 더 깊이 다룬 책은 아래와 같다. David C. Lindberg and Ronald L. Numbers (eds.), *God and Nature: Historical Essays on the Encounter Between Christianity and*

Science (Berkeley, CA: University of California Press, 1989)[박우석·이정배 옮김, 『신과 자연: 기독교와 과학, 그 만남의 역사(상·하)』(이화여자대학교출판부, 1998/99)].

제3장 천상의 세계

이 장에서 논의한 주요한 인물들에 관해서는 다음을 보기 바란다. Victor E. Thoren, *The Lord of Uraniborg: A Biography of Tycho Brahe* (Cambridge: Cambridge University Press, 1990); Maurice Finocchiaro (ed.), *The Essential Galileo* (Indianapolis, IN: Hackett, 2008); John Cottingham (ed.), *Cambridge Companion to Descartes* (Cambridge: Cambridge University Press, 1992); Richard S. Westfall, *The Life of Isaac Newton* (Cambridge: Cambridge University Press, 1994).

'갈릴레이와 교회'의 관계를 현대인이 어떻게 이해하고 있는지를 가장 잘 살펴본 것은 다음과 같다. introduction to Finocchiaro, *The Galileo Affair* (Berkeley, CA: University of California Press, 1989).

점성술에 관해서는 다음을 보기 바란다. Anthony Grafton, *Cardano's Cosmos: The World and Works of a Renaissance Astrologer* (Cambridge, MA: Harvard University Press, 1999).

천문학적 모형과 이론을 더 잘 이해하고 싶다면 다음을 보기 바란다. Michael J. Crowe, *Theories of the World: From Antiquity to the Copernican Revolution*, 2nd edn. (New York: Dover, 2001). 그리고 플로리다 주립대학교의 데이비드 듀크 교수가 만든 다음 웹사이트를 방문해보기 바란다. 'Ancient Planetary Model Animations' at http://people.sc.fsu.edu/~dduke/models.htm 이 웹사이트에는 다양한 천문 체계를 표현한 훌륭한 애니메이션이 포함되어 있다.

제4장 지상의 세계

갈릴레이와 운동에 관해서는 3장에서 제안한 문헌들을 보기 바란다.

이 장에서 언급된 다른 주요 인물들에 관해서는 다음을 보기 바란다. Alan Cutler (for Steno), *The Seashell on Mountaintop* (New York: Penguin, 2003)〔전대호 옮김, 『산을 오른 조개껍질: 스테노 씨가 캔 지구의 먼 과거』(해나무, 2004)〕; Paula Findlen (ed.), *Athanasius Kircher: The Last Man Who Knew Everything* (New York: Routledge, 2004); and Michael Hunter, *Robert Boyle: Between God and Science* (New Haven: Yale University Press, 2009).

연금술과 그것의 중요성에 관해서는 다음을 보기 바란다. Lawrence M. Principe, *The Secrets of Alchemy* (Chicago: Chicago University Press, 2011) and William R. Newman, *Atoms and Alchemy: Chymistry and *the Experimental Origins of the Scientific Revolution* (Chicago: Chicago University Press, 2006).

기계철학을 개괄한 글로서 유용하지만 요즘으로서는 조금 낡은 내용이 다음 책의 해당 대목에 나온다. Richard S. Westfall, *The Construction of Modern Science: Mechanisms and Mechanics* (Cambridge: Cambridge University Press, 1971)[정명식·김동원·김영식 옮김, 『근대과학의 구조』(민음사, 1992)].

제5장 소우주와 생명의 세계

Nancy G. Siraisi, *Medieval and Early Renaissance Medicine* (Chicago: University of Chicago Press, 1990) and Roger French, *William Harvey's Natural Philosophy* (Cambridge: Cambridge University Press 1994).

자연사에 관해서는 다음을 보기 바란다. William B. Ashworth, 'Natural History and the Emblematic Worldview', in David C. Lindberg and Robert S. Westman (eds.), *Reappraisals of the Scientific Revolution* (Cambridge: Cambridge University Press, 1990), pp. 303-32; and Nicholas Jardine, James A. Secord, and Emma C. Spary (eds.), *The Cultures of Natural History* (Cambridge: Cambridge University Press, 1995).

스페인의 역할에 관해서는 다음을 보기 바란다. Maria M.

232

Portuondo, *Secret Science: Spanish Cosmography and the New World* (Chicago: University of Chicago Press, 2009) and Miguel de Asua and Roger French, *A New World of Animals: Early Modern Europeans on the Creatures of Iberian America* (Burlington, VT: Ashgate, 2005).

제6장 과학의 시대가 열리다

Pamela O. Long, *Technology, Society, and Culture in Late Medieval and Renaissance Europe, 1300-1600* (Washington, DC: American Historical Association, 2000); Paolo Rossi, *Philosophy, Technology, and the Arts in Early Modern Europe* (New York: Harper and Row, 1970); Markku Peltonen (ed.), *Cambridge Companion to Bacon* (Cambridge: Cambridge University Press, 1996); Lisa Jardine, *Ingenious Pursuits: Building the Scientific Revolution* (New York: Anchor Books, 2000); Marco Beretta, Antonio Clericuzio, and Lawrence M. Principe (eds.), *The Accademia del Cimento and its European Context* (Sagamore Beach, MA: Science History Publications, 2009); Alice Stroup, *A Company of Scientists: Botany, Patronage, and Community at the Seventeenth-Century Parisian Royal Academy of Sciences* (Berkeley, CA: University of California Press, 1990).

역자 독서안내

인공지능의 본격적인 등장을 앞두고 있는 지금, 우리는 이러한 변혁의 출발점이 궁금해진다. 불과 몇백 년 전까지만 해도 지구가 우주의 중심이며 인간이 만물의 영장이라고 믿고 있던 우리가 어떻게 지금과 같은 세상에 살게 된 것일까? 해답의 열쇠는 바로 과학혁명에 있다. 따라서 인류 문명의 대전환을 앞둔 오늘날 과학혁명의 가치를 되짚어보는 일은 참으로 중요하다. 근대의 과학혁명이 지닌 역사적, 문화적 의미와 중요성이 주목받지 못하고 있는 한국 사회의 지적 풍토에서 과학혁명의 의미를 짚어볼 책들이 출간되는 것은 반가운 일이다. 본서 이외에 이 주제를 다루는 책 몇 권을 소개한다.

『코페르니쿠스 혁명』

토머스 쿤 지음, 정동욱 옮김, 지식을만드는지식

과학혁명의 철학적 의미를 파헤친 『과학혁명의 구조』의 저자 토머스 쿤이 쓴 역사서이자 대중과학서이다. 코페르니쿠스의 『천구의 회전에 관하여』를 기본적으로 인용하여 그가 품고 있던 생각은 물론, 당시 유럽인들의 다양한 반응을 여러 가지 시각에서 살피고 있다.

『태양을 멈춘 사람들』

남영 지음, 궁리

과학혁명의 시작 단계라고 할 수 있는 지동설 혁명을 다룬 책이다. 근대적인 과학이 어떻게 시작되었고, 무엇이 과학이며, 어떻게 과학할지의 진정한 출발점인 이 주제를, 다양한 스토리텔링을 통해 과학 전문가와 비전문가 모두에게 흥미로운 방식으로 소개한다.

『뉴턴의 시계 : 과학혁명과 근대의 탄생』

에드워드 돌닉 지음, 노태복 옮김, 책과함께

탁월한 이야기꾼이 들려주는 17세기 과학혁명 이야기다. 과학혁명의 태동과 그 후폭풍이 세상을 뒤흔들던 시대를 소설의 한 대목처럼 생생하게 풀어내고 있다. 뉴턴을 중심으로 이야기를 전개하면서도 갈릴레이와 라이프니츠 등의 인물이나 과학사상의 주요 논점들, 그리고 특히 문화적, 역사적 배경을 잘 짚어준다.

『과학과 계몽주의 : 빛의 18세기, 과학혁명의 완성』

토머스 핸킨스 지음, 양유성 옮김, 글항아리

지금까지 과학혁명에 관한 논의는 뉴턴의 운동법칙과 이를 수학적으로 설명한 17세기의 업적이 주를 이루어왔다. 따라서 18세기의 활동은 상대적으로 주목을 덜 받았다. 이 책은 실험과 수학을 중시함으로써 18세기의 과학활동이 어떻게 과학혁명을 완성시켜갔는지, 그리고 이를 통해 어떻게 계몽주의가 확산될 수 있었는지를 보여준다.

도판 목록

1. 연결된 세계 048
Courtesy of the Division of Rare and Manuscript Collections, Cornell University Library

2. 아리스토텔레스의 우주 073

3. 프톨레마이오스가 제시한, 중심에서 벗어난 지구 075

4. 프톨레마이오스의 주전원과 대원 077

5. 이븐 알하이탐의 두꺼운 구 행성 모형 079
Courtesy of the Johns Hopkins University, The Sheridan Libraries, Rare Books and Manuscripts Department

6. 역행운동에 관한 코페르니쿠스의 설명 081

7. 세 가지 우주 체계를 표상을 통해 비교하다 101
Courtesy of the Division of Rare and Manuscript Collections, Cornell University Library

8. 키르허가 묘사한 지구의 내부 119
Courtesy of the Roy G. Neville Historical Chemical Library, Chemical Heritage Foundation, Philadelphia

9. 베르티의 물 기압계와 토리첼리의 수은 기압계 128
Courtesy of the Roy G. Neville Historical Chemical Library, Chemical Heritage Foundation, Philadelphia

10. 폰 게리케의 마그데부르크 구 131
Courtesy of the Roy G. Neville Historical Chemical Library, Chemical Heritage Foundation, Philadelphia

11. 보일과 훅의 공기 펌프 134

Courtesy of the Roy G. Neville Historical Chemical Library, Chemical Heritage Foundation, Philadelphia

12. 정련 과정을 묘사한 연금술 우화 138

Courtesy of the Roy G. Neville Historical Chemical Library, Chemical Heritage Foundation, Philadelphia

13. 원소와 체액의 사각형 158

14. 인체의 장기와 이에 대응하는 황도대 별자리 160

Courtesy of the Roy G. Neville Historical Chemical Library, Chemical Heritage Foundation, Philadelphia

15. 보름의 골동품 보관소 185

Courtesy of the Roy G. Neville Historical Chemical Library, Chemical Heritage Foundation, Philadelphia

16. 바티칸 오벨리스크의 이동 192

Courtesy of the Johns Hopkins University, The Sheridan Libraries, Rare Books and Manuscripts Department

17. 왕립과학아카데미에서 벌어진 해부 장면 212

저자의 소장품

과학혁명

THE SCIENTIFIC REVOLUTION

초판 인쇄 2017년 1월 10일
초판 발행 2017년 1월 20일

지은이 로런스 M. 프린시프
옮긴이 노태복
펴낸이 염현숙
편집인 신정민

편집 최연희 장영선
디자인 강혜림
저작권 한문숙 김지영
마케팅 방미연 최향모 오혜림 함유지
홍보 김희숙 김상만 이천희
제작 강신은 김동욱 임현식

제작처 한영문화사(인쇄) 한영제책사(제본)
펴낸곳 (주)문학동네
출판등록 1993년 10월 22일
제406-2003-000045호
임프린트 교유서가
주소 10881 경기도 파주시 회동길 210
문의전화 031) 955-1935(마케팅)
031) 955-2692(편집)
팩스 031) 955-8855
전자우편 gyoyuseoga@naver.com
ISBN 978-89-546-4414-3 03400

• 이 도서의 국립중앙도서관 출판예정도서목록(CIP)은
서지정보유통지원시스템 홈페이지(http://seoji.nl.go.kr)와
국가자료공동목록시스템(http://www.nl.go.kr/kolisnet)에서 이용하실 수 있습니다.
(CIP제어번호: CIP2017000026)

www.munhak.com